環境意識調査法

環境シナリオと人びとの選好

総合地球環境学研究所　環境意識プロジェクト［監修］
吉岡崇仁［編］

勁草書房

序

　われわれは，環境をどのようにして認識しているのだろうか．人間は，環境からさまざまな形で恩恵を受けるとともに，環境に対してさまざまな価値を見出し，環境に対する行動の基準としてきた．

　地球環境を総体として保全しつつ利用することが，人間が生き続けていくための持続的社会，未来可能性のある社会を構築するために不可欠である．このとき，現在の地球環境問題の根源が，人間と自然との間の相互作用にあるととらえるならば，その相互作用の結果として形成される人間の環境に対する価値観について，その中身と形成の過程を解明する必要があろう．すなわち，環境に対する価値観，環境に対する意識が，どのような環境のもとに形成され，それが人びとの環境に対する態度行動にどのようにつながるものなのかを明らかにすることが重要な課題となる．この課題を解明することによって，環境を利用するか破壊するかといった二律背反の回答ではなく，よりよく利用しかつ保全する方法を探し出すための環境評価が可能となるであろう．

　人びとの環境意識を把握する研究調査が数多く実施されている．その多くはアンケートや聞き取り調査によるものであり，人びとの年齢や職業などの属性による違いや経年変化が調査されている．しかしながら，先に述べた環境意識と環境との関係についての課題を解明するためには，もう一歩踏み込んだ解析が必要である．

　本書では，環境変化のシナリオに対する人びとの意識を分析するという手法を，環境意識と環境の関係，さらには態度行動へのつながりを明らかにする手法として提案することにした．本書は，総合地球環境学研究所（略称：地球研）の研究プロジェクト「流域環境の質と環境意識の関係解明」（略称：環境意識プロジェクト）が取り組んだシナリオを用いた環境意識調査について，その手法

の紹介・解説を目的として企画されたものであるが，環境意識調査の一般論などを整理したうえで，プロジェクトの成果を位置づけるように努力した．

　地球研は，人間と自然との間の相互作用を明らかにし，地球環境問題の解決に資する学問領域（地球環境学）を構築することを目指して2001年に文部科学省により設立された大学共同利用機関である．この研究所は，地球環境問題の根源は人間の文化の問題であるという基本的認識を持っている．「環境意識プロジェクト」は，この基本的認識に立ち，人間と自然との相互作用の結果として形成される人間の環境に対する意識や環境の価値判断を明らかにすることを目的として，地球研の発足直後に企画立案され，2003〜2008年度の6年間実施されたものである．このプロジェクトが目指したものは，人びとが環境の現状やその変化を評価するときに，何に重点を置いているのかを理解する方法を構築することであった．その方法の根幹に，環境経済学の分野で応用が広まっている表明選好法を置いた．この意識調査においては，環境に対する施策・計画やそれを実施することによって引き起こされる環境変化をシナリオとして提示する必要がある．そのシナリオ作成のために，プロジェクトでは，自然科学的観点から環境変動予測モデルを構築し，その予測結果をシナリオに盛り込んで意識調査を実施するという，社会科学と自然科学の協働による方法を確立しようとした．

　環境に対して大きな改変を伴う事業を実施する際には，環境影響事前評価，いわゆる「環境アセスメント」を実施しなければならない．この環境アセスメントでは，環境施策による環境への影響を事前に評価し，それを踏まえて社会的影響評価をすることが主眼である．事後の評価（モニタリング）も重視されているが，なんといっても事前に影響を推定することが重要である．環境アセスメントを実施している段階では，環境への影響は実際には起こっておらず，環境影響が起こると予想される状態（シナリオ）に対して人びとの選好が調査される．事業の結果として予想される環境変化のシナリオは，自然科学的な手法や知見によって作成されるが，不確実性が伴うものである．そのような不確実性のあるものを，施策決定の重要な段階である人びとによる施策評価の分析手法として用いることは適切であろうか．

　答えはイエスである．環境への影響が不可逆的であったり，もとの状態に回

復するまでにはきわめて長い時間がかかったりすることから，環境問題，化学物質や遺伝子組み換え技術の応用にあたっては，「科学的な不確実性があることを，予防的措置をとらない理由にしてはならない」という予防原則が1992年の地球サミットにおける「リオ宣言」の第15原則として採択されている．したがって，不確実性はあっても，シナリオを利用して環境施策が実行される前に，その影響の自然科学的，社会的影響を把握することには大きな意義がある．

「環境意識プロジェクト」では，シナリオを用いた環境意識調査として，2つのアンケート調査を実施した．この調査では，対象環境を森林集水域とし，森林伐採という人為インパクトやそれによって変化する集水域環境をシナリオとして設計し，その環境変化に対する人びとの評価を解析することで，環境の変化と環境意識の関係を明らかとする方法をとった．

本書では，シナリオを用いた環境意識調査について，概念的な考察から，シナリオの作成，意識調査の設計などそれぞれの段階に分けて解説するとともに，地球研の「環境意識プロジェクト」で実施した調査を事例として紹介している．その理由は，このプロジェクトが，シナリオを用いた環境意識調査を中心として人びとの環境意識を解析することを目的として実施されたからである．とくに，プロジェクトの中核をなす「シナリオアンケート」調査は，シナリオを用いた環境意識調査の例として適したものとして紹介することにした．

本書の読者として想定したのは，環境施策の実務者や環境活動団体など，人びとの環境意識を把握する必要に迫られているコミュニティー，さらには環境研究を志す学生・院生である．それぞれ読者によって興味は異なるであろうが，以下に，本書の読み方の指針を示すので，参考にしていただきたい．

環境意識や環境配慮行動に関する概念的な背景に興味のある読者には，是非，第1章のはじめから読んでいただきたい．そうすれば，第5章と第6章で展開するシナリオを用いた環境意識調査の意味をより深く理解していただけるものと思う．

抽象的なことより，より具体的に環境意識の理解が環境問題解決に役立つかどうかを知りたいという読者には，1-2節や1-3節から読んでいただければと思う．特に，1-2節は，簡潔ながらも環境アセスメントに関する基本が紹介されており，環境アセスメントを実施する立場にある地方自治体の環境関連部署の

方などに読んでいただきたいと思う．シナリオを用いた環境意識調査，特に第5章で扱った「シナリオアンケート」調査の全体像を把握するには，第2章以下すべてを順番に読んでいただくのがよい．なぜなら，「シナリオアンケート」調査を企画・設計・実施した順番に項目が並んでいるからである．しかしながら，本書の構成上，各章では一般的な手法について記述したあとで，「シナリオアンケート」調査の事例を紹介するという形をとっているため，調査全体を把握することが困難かもしれない．「シナリオアンケート」に関わるところだけを抜き出すと，以下のとおりである．

第1章：1-5節，第2章，第3章：3-3節，第4章：4-6節，第5章：5-2節．

しかし，このような通読法だけが本書の読み方ではない．読者の興味にしたがって，どの章から読んでいただいても結構である．各章は，単独でもそれぞれの内容が把握できるように構成・工夫したつもりである．

たとえば，意識調査の対象をどのように選定すればよいのかについて興味があるなら第2章が，自由記述形式の回答を使って意識を分析する方法について知りたい場合や，すでに行った意識調査で自由記述形式の回答データがたくさん蓄積しているのに有効活用できていないと感じている方には第3章が参考になるであろう．また，環境がどのように変化するのか予測することに興味のある読者には，自然科学的手法を駆使して構築されたシミュレーションモデルについて紹介した第4章を見ていただきたい．環境変化のシナリオに基づくコンジョイント分析を使った意識調査とその解析結果に興味のある方は，第5章を読んでいただきたい．ただし，その前提として，第3章や第4章も斜め読みしていただいた方がよいかもしれない．第6章は，住民参加や社会学に興味のある読者がまず繙く章になるであろう．

いずれにしても，興味のある章から読んでいただければ幸いである．そのうえで，第5章のシナリオアンケートの意義や有効性への関心が芽生えれば，われわれの本望である．第1章から改めて通読することの意義にも気づいていただけるであろう．

2009年夏

　　総合地球環境学研究所　研究プロジェクト「環境意識プロジェクト」

謝　辞

　本書は，地球研の「環境意識プロジェクト」が骨格となっている．地球研の，日高敏隆初代所長，立本成文現所長はじめ，研究部，研究推進戦略センター，管理部の皆様には，このプロジェクトをきびしく評価し，また，最後まで支援してくださった．また，地球研の研究プロジェクト評価委員会からは，事前・中間・終了前年度・最終年度の評価において，適切かつきびしいコメントを多数いただき，研究の位置付けや方向性を確定し，最終成果に導くための重要な指針となった．

　「環境意識プロジェクト」は，コアメンバー，共同研究者，研究協力者の皆さんのおかげで実施できたものであり，さらに，現場観測においては，北海道大学北方生物圏フィールド科学センター森林圏ステーション雨龍研究林技術職員の皆さん，京都大学フィールド科学教育研究センター森林ステーション和歌山研究林技術職員の皆さんに大変お世話になった．本書で紹介したプロジェクトの成果はこれらの方々のおかげである．

　地球研研究推進戦略センターの関野樹准教授には，本書の構成から内容のチェック，さらには出版社との打合わせなど編集についても大変お世話になった．氏の尽力なしに本書は完成しなかったであろう．

　また，日本大学生物資源科学部の水谷広教授，名古屋大学の只木良也名誉教授，田中浩名誉教授，田上英一郎教授，東京農工大学の小倉紀雄名誉教授，地球研の和田英太郎プログラム主幹（現名誉教授，独立行政法人海洋研究開発機構）からは，プログラムの全期間にわたり常に適切なコメントをいただいた．

　最後に，勁草書房の宮本詳三氏には，本書の企画から編集，出版にあたりお世話になった．以上の皆さんに深くお礼申し上げる．

編者　吉岡　崇仁

目　次

序
謝　辞

第1章　環境意識を理解する ……………………………………………………………3
　1-1　環境意識とは何か　3
　　(1)　環境問題の鍵を握る人びとの知　3
　　(2)　環境を意識する　7
　　(3)　環境意識を理解する意義　8
　　(4)　環境意識と環境の価値との関係　10
　1-2　環境を評価する：環境アセスメント　11
　　(1)　環境配慮と社会配慮の調整　11
　　(2)　自然科学的環境評価と社会的影響評価　13
　1-3　環境意識調査　19
　　(1)　環境に関する世論調査　19
　　(2)　環境意識の尺度　22
　1-4　本書の構成と内容　25
　　(1)　対象環境，調査対象者の選定　26
　　(2)　人びとが重視する主な関心事の把握　26
　　(3)　シナリオの作成　26
　　(4)　意識調査票の設計と調査の実施・解析　27
　　(5)　環境意識調査の活用　27
　1-5　「環境意識プロジェクト」について　28
　　(1)　プロジェクトの目的　28

(2)　「環境意識プロジェクト」におけるシナリオを用いた環境意識調査　28

　引用文献　30

第2章　環境意識調査における調査対象および調査方法の設定　33

　2-1　対象環境と調査対象者の設定　33

　　(1)　対象環境　33

　　(2)　調査対象者　34

　　(3)　対象環境と調査対象者の関係　34

　2-2　調査対象者の抽出　37

　　(1)　標本抽出方法　37

　　(2)　標本サイズの設定　40

　　(3)　意識調査における標本抽出方法と標本サイズ　40

　2-3　調査方法　42

　　(1)　社会調査で用いられる調査方法　42

　　(2)　意識調査で用いられている調査方法　44

　引用文献　45

第3章　人びとの環境への関心をさぐる　49

　3-1　選択するか自由に答えるか　49

　3-2　自由記述形式の回答を分析する　50

　3-3　キーワードから人びとの関心を理解する　52

　　(1)　キーワードの集計方法について　53

　　(2)　キーワードの集計　56

　　(3)　キーワードの解析から見える環境への関心　60

　引用文献　62

第4章　環境変動を予測しシナリオ群を作成する　63

　4-1　環境意識調査の設計における自然科学的知見の利用　63

　4-2　シミュレーションモデルを用いた環境変動の予測　64

　4-3　シミュレーションモデルの構築と実行　67

4-4　シミュレーションモデルを用いない環境変動の予測　69
4-5　シナリオ群の作成　71
4-6　事例：森林―河川―湖沼生態系における環境変動予測モデルの
　　　　構築と適用　72
　(1)　環境変動予測モデルの構築と適用　72
　(2)　モデルシミュレーションの結果　81
　(3)　モデルで予測されない環境属性の変動　85
　(4)　モデルシミュレーションの問題点　86
　(5)　環境変動予測シナリオの作成　88
引用文献　90

第5章　シナリオを使って人びとの環境意識を解きほぐす……91
5-1　シナリオを評価する：環境経済学の手法　91
　(1)　仮想評価法　92
　(2)　コンジョイント分析　93
　(3)　表明選好法による環境の経済的評価と環境意識　97
　(4)　環境意識を解明するうえでのコンジョイント分析の利点　103
5-2　コンジョイント分析を用いて森林流域環境に関する意識を調べる　104
　(1)　シナリオアンケート　105
　(2)　人工林伐採計画案に対するコンジョイント分析　125
引用文献　131

第6章　住民会議で環境の将来像をデザインする……133
6-1　環境デザインにおける住民参加の手法　133
6-2　住民会議の設計　136
　(1)　シナリオワークショップについて　136
　(2)　研究フィールド：朱鞠内湖の流域環境　138
　(3)　住民会議の構成　139
　(4)　4つのシナリオ　140
　(5)　専門家の関与　141

(6)　会議スケジュール　143
　　(7)　住民会議の評価方法　143
　6-3　住民会議の実施　145
　　(1)　概　　要　145
　　(2)　全体会議①：趣旨説明とアイスブレーキング　146
　　(3)　グループ別会議①：シナリオの検討　146
　　(4)　グループ別会議②③：ヴィジョン要素の列挙と将来像の集約　149
　　(5)　望まれる将来像への投票　151
　6-4　住民会議の評価　153
　　(1)　アンケート，事後インタビューの概要　153
　　(2)　住民会議全体に関する評価　154
　　(3)　専門家の役割に関する評価　155
　6-5　展望と課題　159
　引用文献　161
　資料　朱鞠内湖と森の4つのシナリオ　163

第7章　シナリオを用いた環境意識調査を環境施策に活かす　173
　7-1　シナリオアンケート　173
　7-2　シナリオワークショップ　174
　7-3　シナリオを用いた環境意識調査の課題と展望　175
　引用文献　176

用語集　……………………………………………………………177
索　引　……………………………………………………………191

環境意識調査法
——環境シナリオと人びとの選好——

第1章 環境意識を理解する

　この章では、環境意識を理解することが、環境問題解決のうえで基本的な重要性を持っていることを明確にする。環境問題解決には、ハードウェアとしての技術的側面が重要であるが、一方、ソフトウェアとして、人びとの環境に配慮した行動、環境ボランティア活動などへの期待も大きい。この環境配慮行動に関して提唱されているさまざまな理論を検討すると、環境配慮行動を基盤で支える環境意識の重要性が浮かび上がってくる（1-1節）。この環境意識をどのように理解すればよいのか、またその理解は環境問題解決にどのように役立つのだろうか。環境意識と環境の価値評価との密接な関係について、環境アセスメントを例に考察した（1-2節）。そこでは、国内外の環境アセスメントの歴史的背景を含めて解説した。さらに、環境意識にかかわる調査事例を見たあと（1-3節）、本書の主眼であるシナリオを用いた環境意識調査の概要を第2章以下で取り上げる内容とともに示した（1-4節）。章末では、「環境意識プロジェクト」について簡単にまとめた（1-5節）。

1-1 環境意識とは何か

(1) 環境問題の鍵を握る人びとの知

　環境意識（Environmental Consciousness）は、一口にいえば、特定の環境に対する人びとの考え方、見方および態度を内面的に網羅する精神活動である。環境意識を構成する要素については、さまざまな視点から分類することができるが、特定の空間により定義される環境の歴史、現状、変化、人間とのかかわりなどに関する知識、価値判断、行動の意向などの次元に分けるとその中身が理解しやすい。個人の環境意識は、自分の居場所を中心に、身近、地域、国家、

地球全体などといった空間軸へ広がり，環境とのかかわりの緊密さにより変わっていくと同時に，過去，現在，未来といった時間軸に沿って多様化している．環境意識は，人びとの生活様式と環境配慮行動（PEB: Pro-Environmental Behavior）に影響を与えるだけではなく，市民運動や消費行動などを通して，企業の社会的責任，行政機関の環境施策の策定ならびに国際環境協力体制の形成を促しているといえよう．この節では，環境意識の形成プロセス，影響要因ならびに環境配慮行動理論について説明する．

1）環境意識の形成過程

一般的には，特定の社会制度や行動規範などに置かれている人びとは，身近な環境の現状およびその変化を認知したうえで，各自の価値観・感性のもとで環境意識を形成していると考えられる．人びとの環境意識の形成プロセスは，図1-1のように示すことができる．まず，環境の時系列変化は個人および社会全体に影響を及ぼすことで，個々人の認知を喚起したり，社会的対応を後押ししたりするという役割を持っている．一方で，社会は既存の制度や規範などに対する改正を行うことにより，人びとの考え方と生活様式を制御し，ひいては環境を改変させるという機能を果たしている．これに対して，異なる価値観・感性は人びとの環境意識を多様化させ，社会制度および行動規範を社会全体のニーズに応えるように修正させることがありうる．言い換えれば，人びとの環境意識は，環境の変化，社会の許容範囲，個人の価値観などの相互作用により

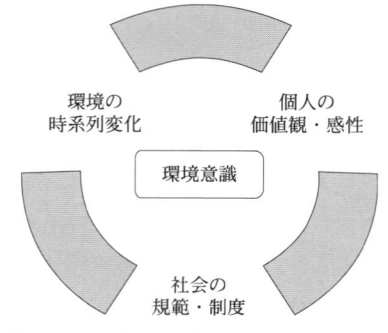

図1-1　人びとの環境意識の形成プロセス

形成されるものだといえよう．

　環境意識は環境という常に変化しつつある対象への主観的判断であるため，価値観，世界観，人生観に帰属する安定的な意識に比べ，構造が遙かに複雑でかつ変わりやすいという性格がある．これこそ環境意識の特徴である．

2）環境意識に影響する要因

　人びとの環境意識は，時間的ならびに空間的な環境の変化とともに，さまざまな要因から影響を受けている．これらの影響要因を大別すると，次のような4つのカテゴリーにまとめることができる．

①環境変化の持続時間と速度：水汚染や大気汚染などのような短期間に起きた変化は人びとに与える印象が深く，環境意識を変える駆動力となりやすいが，逆に長期間にわたって緩やかに進んでいる砂漠化，海洋汚染に人びとは鈍感であり，環境意識に反映されにくい．

②環境変化の規模と被害の程度：人びとは熱帯林減少のような大規模または深刻な変化に敏感であるが，小規模または軽度な変化あるいは軽微な被害には鈍感である．

③価値観・感性：環境変化に対する受容範囲やとらえ方などが個人の価値観・感性の違いにより異なり，意識に直接影響を与える．

④環境情報の伝達：関係者やマスメディアがそれぞれの立場から発信した環境情報は，人びとの環境に対する認識や理解に影響を与える．

　個人の環境意識は，社会的規範に依存すると同時に，本人の感性と情報保有量に基づいた主観的判断に由来しており，複雑な構造を有するものである．これらの要因にとどまらず，個人の性別，年齢，教育状況，経済状況，環境とのかかわりなどの人口統計学的属性も個人の主観的判断に与える影響を考えなければならない．

3）環境意識と環境を配慮した行動とのはざま

　意識は個人の行動を喚起するもっとも重要な要因のひとつであるが，直ちに行動を導くものではない．1970年代以降，欧米の社会心理学者は人びとの意識と行動との関係を研究し始め，いくつかの行動理論を考案してきた．一般には，

個人の環境配慮行動を，市民運動（投票，陳情など），学習活動（環境知識の獲得など），消費活動（グリーン消費，環境寄付など），監督活動（告発，訴訟など），身体活動（ゴミ分類，減量など），教育活動（講演，宣伝など）に分類することができる．環境意識と環境配慮行動との関係については，アジェン（Ajzen）の計画的行動理論（Theory of Planned Behavior），シュワーズ（Schwartz）の規範喚起理論（Norm Activation Theory），スターン（Stern）の価値観―信念―規範理論（VBN: Value-Belief-Norm Theory）がよく知られている．これらの理論は，計画的行動理論，規範喚起理論に新たな環境パラダイムを加え，環境配慮行動の形成メカニズムを解釈しようとしているが，認知結果の制御や外的要因などの影響を十分に取り入れていないという欠点が残っている．

　スターンの価値観―信念―規範理論を補完するために，鄭ほか（2006）は，環境配慮行動の影響要因を，環境意識，行動に対する信念，行動を制御する能力，個人的な規範・道徳観，外的要因の5つにまとめたうえで，図1-2のような意識から行動までの行動モデルを新たに提案した．ここでは，環境に対する知識・認知・価値判断，行動態度，責任感・価値観などの個人的意識はひとつの環境配慮行動を生み出すきっかけとなっている．個人的意識によって，環境や生態系に対する考え方（生態学的世界観），行動の結果に対する配慮，責任の帰属に対する認知などの信念が次々と喚起され，これらは，行動の戦略・方法・技能，結果の予測能力をひとつひとつ制御する．その結果，義務とみなされる行動への意向が固まることになるが，直ちに行動にはならない．これは，

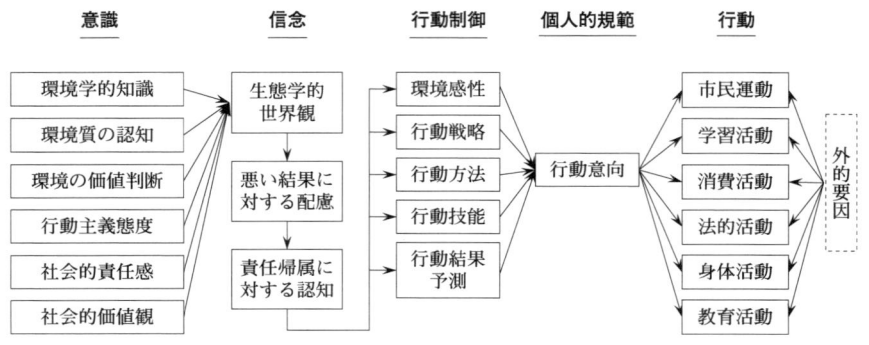

図1-2　環境配慮行動モデル（鄭ほか2006）

ひとつの行動に対する意向が情報保有量や行動に伴う費用などの外的要因からの影響を受けるからである．つまり，行動の意向はそのまま行動に移るのではなく，多くの場合にその一部のみが日頃の行動に変わることになる．

　図1-2に示された因果関係連鎖の上位にある変数は，下位に位置する変数に直接影響を与える．なお，環境配慮行動をとる個人的規範は，自らにとって大切な環境リスクを認知し，そして行動をとる責任を感じるという信念により活性化されると考えている．

(2) 環境を意識する

　以上述べてきたように，人びとの環境意識の形成や行動への反映のプロセスは，きわめて複雑であるが，このような枠組みを理解したうえで，環境施策決定のために人びとの知「環境意識」を生かす努力が必要である．そのためには，冒頭で述べたような「環境意識」という人びとの内面的な精神活動を社会科学的に測定可能なパラメータに焼き直す必要がある．

　「環境意識」というと，一般には「あの人（国）は環境意識の高い人（国）である」というように「環境保全・保護に対する意識」と考えられているようである．しかし，広い意味で考えれば，環境を人がどのように認識しているかということであり，保全・保護といった一定の方向性を持ったものに限る必要はないであろう．このように「環境意識」を考えると，個人個人の環境に対する意識は，ある人は環境にある資源を利用して利益を得ようと考え，ある人は貴重な生き物がいるので保護しようとしたり，また，ある人は無関心であったりと，さまざまである．このような環境への人間の態度や意思の違いはどこから生まれるのであろうか．このことを理解することは，すなわち，人と自然（環境）の間の連環を理解することにほかならない．

　図1-3に，人間による「環境の価値評価」，「環境への態度・行動」，「生態系の応答」，「環境変化」の因果の連鎖を示した（Collins et al. 2007 をもとに改変：吉岡 2009）．

①人間は環境に対する価値評価に基づいて，環境に対する人間の態度・行動を決定する．

②この人間の態度・行動は，環境の構造と機能に変化を及ぼす．

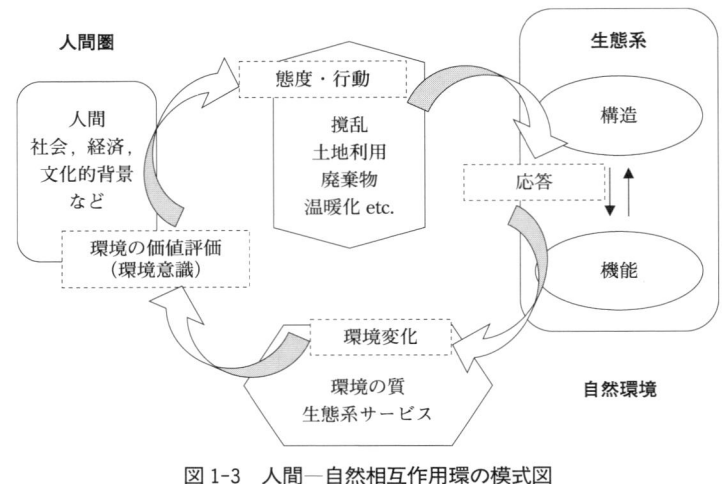

図1-3 人間─自然相互作用環の模式図

③環境の変化は，環境が持っている価値（生態系サービス）の変化につながる．
④環境の価値の変化を認識することで，人間の環境に対する価値評価に変化が起こる．

そして，①に戻って，環境に対する人間の態度・行動が変化する．

このように，人間は環境からさまざまな形で恩恵を受けるとともに，環境に対してさまざまな価値を見出し，その環境に対する行動の判断基準としているととらえることができる．環境意識とは，このような環境への働きかけにかかわる価値評価・価値判断を生み出す意識と考えることができる．

(3) 環境意識を理解する意義

現在の地球環境問題の根源が，図1-3に示した人間と自然との間の相互作用にあるととらえるならば，その相互作用の結果として形成される人間の環境に対する意識，価値評価について理解する必要があろう．環境に対する人間の態度や行動は，その環境が持つさまざまな価値に対する評価がその基準となって決定されていると考えることができる（図1-4）．したがって，個々人の異なる態度・行動を調整し，人間社会の持続性と未来可能性を担保するためには，そ

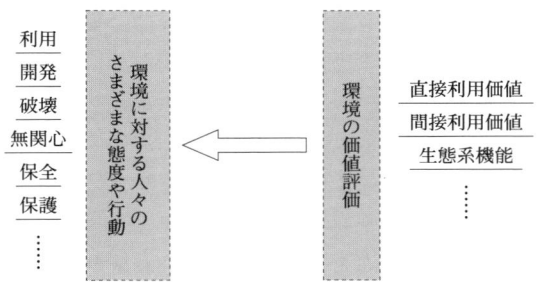

図 1-4　環境の価値評価が環境に対するさまざまな態度や行動を生む

の基準を理解すること，言い換えれば，人びとの環境意識について理解することが不可欠といえよう．

　ここでは，人びとが，環境が持つさまざまな属性に価値を見出すことを前提にしているが，環境の属性と価値の関係については説明が必要であろう．

　ここでは，森林を例として取り上げることにする．

　樹木が存在することは森林の重要な属性のひとつである．この森林にある樹木からは，木材という直接利用できる資源を得ることができる．これは，森林の直接利用価値と呼ばれる．一方，春や秋の良い季節になると森の中でハイキングや森林浴などを楽しむ人びとが増える．これらの活動は，森林から資源を直接取り出して利用するわけではないが，間接的に森林という環境を利用するという意味で，森林が持つ間接利用価値にかかわる活動である．また，人間が利用するしないにかかわらず，森林は動植物が棲息する場を提供しており，大気の浄化や気温の調節などさまざまな役割を果たしている．これらは生態系機能と呼ばれているが，この中には人間が直接にも間接にも利用する対象とはならないもの（非利用価値）もある．このように森林には多くの機能があるとみなされるようになってきて，「多面的機能」と呼ばれている．

　環境の機能に関して，近年「生態系サービス」という用語が用いられるようになってきた（Millennium Ecosystem Assessment編 2007）．この生態系サービスは，供給，調整，文化的，基盤の4つに分類されており，利用価値の観点から見れば，供給サービスは直接利用価値に，調整サービスと文化的サービスは間接利用価値に，基盤サービスは非利用価値に分類することができる．

さて，木材という資源を取り出す場所として森林に関心を持ち，その直接利用価値を高く評価する人は，その森林から木を伐りだし木材資源を利用しようと考えるだろう．一方，森林に野生動物が存在することに関心が高く，その生態系機能に高い価値判断をする人は，森林環境に対して保全活動が重要だと考えるであろう．両者の森林に対する活動が，鋭く対立しうることがわかる．このように考えると，環境を保全しつつ利用し，環境問題を解決するためには，環境の構造と機能を理解することと同じように，人びとの環境に対する関心とそこから生まれる価値判断を理解することがとても重要であることが理解できよう．

(4) 環境意識と環境の価値との関係

環境への関心という環境意識を価値という概念で理解する意義として以下の2点があげられる（松川ほか2009）．

①環境への関心は人びとの環境保全行動や環境配慮行動に影響を及ぼすと考えられることから，環境の価値という概念で異なる学問分野で得られている環境保全行動や環境配慮行動の研究成果を整理できるかもしれない．

②各分野で実施されている環境意識に関する社会調査によって，哲学や倫理学で検討されてきた環境の価値という概念に実証的な裏づけが与えられるかもしれない．

図1-4で示された，「環境の価値・機能」「環境の価値評価」「環境に対する態度・行動」の間の因果関係について，人びとが環境の価値に対して示す関心の強さの点から，その妥当性を補強することができる．関心に着目することは，関心が人びとの行動に影響を及ぼす要因のひとつである点からも理にかなっているからである（Swedberg 2005）．総合地球環境学研究所の研究プロジェクト「流域環境の質と環境意識の関係解明」（以下，「環境意識プロジェクト」）では，人びとの流域環境に対する関心の構造を知る目的で「森林―農地―水系に関する関心事調査」を実施した．この関心事調査は，2005年10～11月に日本全国の満20～79歳の男女1,800人を対象に行った．対象者は，層化2段無作為抽出法（第1次抽出単位は地点，第2次抽出対象は個人，区市町村を人口規模により層化し地点数を比例割当），抽出台帳は住民基本台帳および選挙人名簿を用いて無作為

に選んだ．調査方法は訪問調査員による個別面接調査法で実施し，有効回収票数は886であった（回収率49.2パーセント）．関心事調査の集計表等は調査報告書としてとりまとめた（総合地球環境学研究所研究プロジェクト「流域環境の質と環境意識の関係解明」（環境意識プロジェクト）編 2008）．

　森林，農地，水系から構成される流域環境について，それぞれにおける直接利用価値，間接利用価値，生態系機能にかかわる全21項目に対する関心の強さを尋ねた結果を解析した（松川ほか 2009）．各項目への関心の高さの平均値を見ると（**表1-1**の変数のあとの括弧内の数値参照），森林においては，直接利用価値よりも間接利用価値や生態系機能にかかわる項目の方が関心の高いことがわかった．一方，農地や水系では，直接利用価値への関心が高い傾向にあった．また，21項目に対する関心の強さは，6つの因子で説明することが可能であった（**表1-1**）．

　各因子に相関の高い項目を見ると，第1因子は森林の間接利用・生態系機能にかかわる項目が，第2因子は農地の直接利用を主とする項目が，第3因子は森林・農地・水系の間接利用価値にかかわるレクリエーションの項目が関係する，というように，利用価値や生態系機能ごとにまとまっていた．このことは，人びとの頭の中で，環境の利用価値や生態系機能などを識別して関心を示しているととらえることができる．このことは，先に述べた2つの「環境への関心という環境意識を価値という概念で理解する意義」のうちの，哲学・倫理学で検討されてきた環境の価値概念の妥当性を裏付ける実証事例となるものである．

1-2　環境を評価する：環境アセスメント

(1)　環境配慮と社会配慮の調整

　持続的社会，未来可能性のある人間社会の構築には，地球環境を総体として保全しながらも利用することが重要である．したがって，環境を利用・開発するという欲求に対する公正性にかかわる社会配慮と，環境を保全するという環境配慮の両面を調整することが必要である．

　この目的を達成する手段として，開発による環境への影響を事前に評価するという制度，いわゆる環境アセスメントがある．環境アセスメントは，環境汚

表1-1 関心事21項目の探索的因子分析結果 (松川ほか, 2009より改変)
最尤法, 直接オブリミン回転後の因子パターンと因子間相関係数

	変　数*	因子 1	2	3	4	5	6
[森林・間接利用]	水質の浄化 (3.36±0.77, 874)	0.84	0.01	0.03	−0.04	0.06	−0.05
[森林・間接利用]	国土の保全 (3.17±0.83, 873)	0.64	−0.03	0.03	0.14	0.08	0.00
[森林・間接利用]	渇水の軽減 (3.09±0.83, 862)	0.63	0.02	0.03	0.21	0.04	0.00
[森林・間接利用]	生活環境保全(防音・防風) (3.23±0.78, 871)	0.61	−0.05	0.14	0.03	−0.06	−0.06
[森林・間接利用]	二酸化炭素の吸収 (3.26±0.80, 863)	0.50	−0.04	0.01	0.03	0.01	−0.30
[農地・直接利用]	米・小麦など穀物の生産 (3.33±0.78, 881)	−0.04	−0.88	−0.06	0.08	0.05	0.02
[農地・直接利用]	野菜・果物の生産 (3.43±0.71, 883)	0.05	−0.88	0.02	0.03	−0.01	0.04
[農地・直接利用]	乳製品・食肉の生産 (2.95±0.88, 875)	−0.06	−0.56	0.14	0.02	−0.01	−0.16
[農地・直接利用]	水・土壌の保全 (3.22±0.83, 872)	0.38	−0.38	0.06	−0.03	0.24	−0.03
[森林・間接利用]	風景・レクリエーションの場 (2.84±0.88, 871)	−0.03	0.08	0.79	−0.01	0.18	−0.04
[森林・間接利用]	風景・レクリエーションの場 (2.84±0.85, 866)	0.06	−0.20	0.70	−0.02	−0.07	0.00
[農地・間接利用]	風景・レクリエーションの場 (3.00±0.83, 874)	0.21	0.01	0.51	0.21	−0.13	−0.04
[森林・直接利用]	林産物の生産 (2.81±0.84, 875)	−0.05	−0.06	0.01	0.90	−0.03	0.02
[森林・直接利用]	木材の生産 (2.79±0.86, 873)	0.09	0.01	−0.01	0.65	0.07	−0.04
[水系・直接利用]	工業・農業用水などの水資源 (3.11±0.85, 874)	0.19	−0.15	−0.03	0.12	0.57	−0.01
[水系・直接利用]	川や湖における水産業 (2.77±0.87, 869)	−0.10	−0.02	0.23	0.14	0.49	−0.12
[水系・直接利用]	生活用水などの水資源 (3.50±0.71, 882)	0.29	−0.23	0.03	0.00	0.43	−0.03
[水系・間接利用]	自浄作用による水質浄化 (3.26±0.81, 876)	0.26	−0.10	0.10	0.01	0.37	−0.19
[森林・間接利用]	動物や植物の棲みか (3.22±0.79, 879)	0.29	0.03	−0.01	0.10	−0.12	−0.67
[水系・間接利用]	動物や植物の棲みか (3.06±0.81, 876)	−0.11	0.01	0.17	0.06	0.31	−0.59
[農地・間接利用]	動物や植物の棲みか (3.09±0.83, 878)	0.02	−0.25	0.06	0.02	0.07	−0.57

	因子間相関係数	1	2	3	4	5	6
1	森林の生態系機能への関心	1.00					
2	農産物への関心	−0.38	1.00				
3	レクリエーションへの関心	0.35	−0.41	1.00			
4	林産物への関心	0.52	−0.39	0.41	1.00		
5	資源としての水系への関心	0.27	−0.43	0.34	0.28	1.00	
6	動植物棲息地への関心	−0.50	0.36	−0.52	−0.38	−0.37	1.00

(注) 因子負荷量0.40以上に網かけ. *括弧内は, 各変数の平均値±標準偏差, 標本数 (n) を表す.

染を防止し環境を保全するために，人間活動を事前にコントロールするための手続きである．日本では，1992年に開かれた地球サミットをきっかけとして，1993年に環境基本法が制定され，1994年に環境保全に対する基本的取組を定める環境基本計画が制定された．この中で取り上げられている長期的な環境政策の目標は，
　①環境への負荷の少ない循環を基調とする経済社会システムの実現
　②自然と人間との共生の確保
　③公平な役割分担のもとでのすべての主体の参加の実現
　④国際的取り組みの推進
以上の4項目である．この環境基本計画を実施するための仕組みとして，1997年に環境影響評価法として法整備が完成し，1999年に施行されている．

(2) 自然科学的環境評価と社会的影響評価

　開発政策や環境保全政策の影響を評価する際には，自然科学的な観点からの評価だけでは不十分となる可能性がある．たとえば，ある地域で森林を伐採したときの影響を評価する場合を考えてみよう．この森林を伐採しても，土砂災害などで人命が失われる危険性はほぼゼロに近いが，この森林には絶滅危惧種が生息しており，森林を伐採すると野生動物への影響が懸念されるとしよう．このとき，土砂災害のリスクは砂防学の分析方法によって評価することが可能であり，一方，野生動物の影響については生態学のアプローチが適用可能であろう．しかし，これらの自然科学的な方法だけでは，この森林を伐採すべきか否かを判断することは困難である．なぜなら，この意思決定には，人命と野生動物のどちらを優先すべきかという社会的な価値判断が含まれるからである．
　したがって，開発が環境に及ぼす影響を環境アセスメントによって評価する際には，社会的な観点からの評価が不可欠となる．大規模な事業計画では，開発によって得られる利益と環境が破壊されることによる損失の対立のようなトレードオフがしばしば発生する．このとき，事業計画を評価するためには，開発と環境のどちらを優先するかという社会的な価値判断が必要である．そこで，環境アセスメントにおいては，自然科学的な評価だけではなく，社会的な価値判断を反映させる仕組みを導入することが重要となる．

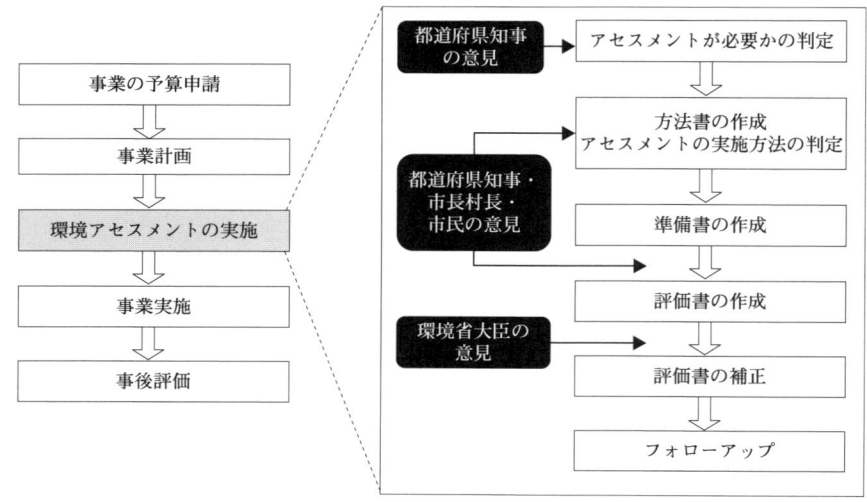

図 1-5　日本の環境アセスメント制度

　環境アセスメントでは，社会的な価値判断を考慮するために住民参加のプロセスが導入されている．図1-5は日本の環境影響評価法における環境アセスメントのプロセスを示したものである．1997年に制定された環境影響評価法では，ダムや道路の建設などの公共事業が環境に及ぼす影響を調べるために環境アセスメントを実施することを事業実施者に対して求めている．まず事業の予算申請が行われ，事業計画が策定された後，環境アセスメントが必要かどうかの判断が行われ，必要と判断された場合は，環境アセスメントが実施される．

　環境アセスメントのプロセスでは，最初にどのような評価方法を用いてアセスメントを実施するかを定めた方法書を作成する．住民には，この方法書に対して意見を出す機会が設けられている．そしてこの方法書に基づいて評価を実施し，その結果を準備書として公開する．ここでも住民が意見を出す機会が設けられている．準備書に対して提出された住民などの意見をもとに評価書が作成され，それにしたがって事業が実施される．

　このように，環境影響評価法では，方法書や準備書に対して住民が意見を提出する機会を設けられている．しかし，現実には，住民の意見によって事業計画が大きく変化することは少なく，必ずしも社会的な価値判断が事業の意思決

表1-2 各国の環境アセスメント制度の概要

		アメリカ	EU		日本
法律名 (制定年)		国家環境政策法 (1969)	EIA指令 (1985)	SEA指令 (2001)	環境影響評価法 (1997)
対象	事業	○	○	×	○
	計画	○	×	○	×
	政策	○	×	×	×
市民参加		義務	義務	義務	義務
代替案評価		義務	推奨(1985) ↓ 義務(1997)	義務	規定なし

定に反映されているとはいえないのが実態である．

　なぜ，日本の環境影響評価法では住民の意見を事業計画に反映することが困難なのであろうか．第1の原因は，日本では事業計画の初期段階では住民の意見を反映させる機会が設けられていないことがある（**表1-2**）．住民参加が事業計画のほぼ確定した段階に限られているため，この段階ではもはや大幅な計画の変更は難しい．アメリカの国家環境政策法（1969年）では，事業計画の初期段階から住民参加が導入されているため，住民の意見をもとに柔軟に計画を変更することが可能である．欧州連合（EU）では1985年の環境影響評価（EIA: Environmental Impact Assessment）指令によって環境アセスメントに住民参加が義務づけられたが，このときは日本と同様に事業の計画段階では住民の意見を反映される機会が設けられていなかった．しかし，住民の意見を計画に適切に反映させるためには計画初期段階から住民に意見を求める必要があるため，2001年の戦略的環境影響評価（SEA: Strategic Environmental Impact Assessment）指令では計画段階から住民参加が導入されるようになった．このように欧米では計画初期段階から住民参加の機会が設けられているのに対して，日本では事業計画がほぼ確定した後に住民参加が限られているため，日本では住民の意見が計画に反映されにくいと考えられる．

　住民の意見が反映されない第2の理由は，日本では代替案評価が義務づけられていないことがある．日本の環境影響評価法では，ある特定の事業計画のみ評価することが義務づけられているだけであり，それ以外の代替案を評価する

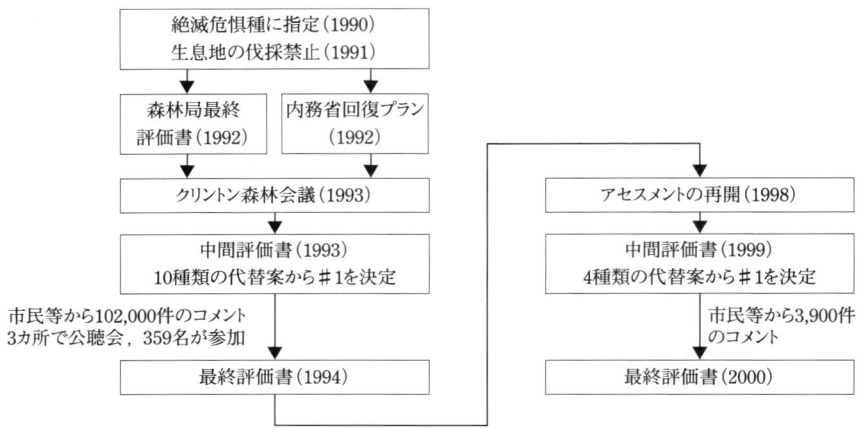

図1-6　マダラフクロウ問題の環境アセスメント

ことは求められていないため、複数の計画案を比較して意思決定を行うことができない。代替案が存在しないため、住民は提案されている事業計画を実施するか中止するかという二者択一を迫られることになる。しかし、事業を完全に中止することは困難なため、計画の微修正を行ったうえで事業が実施される傾向にある。アメリカでは1969年に国家環境政策法が制定された段階から代替案評価が義務づけられており、しかも代替案の中には「何も実行しない」という選択肢を入れることが義務づけられている。このため、住民は複数の代替案を比較考慮したうえで、最も好ましいと思われる計画を選択することが可能となっている。EUでは1985年のEIA指令では代替案評価は推奨に止まっていたが、1997年からは代替案評価が義務づけられた。

このように住民の意見を事業計画に反映させるためには、計画の初期段階から住民参加のプロセスを導入すること、そして代替案評価を義務づけることが必要である。とりわけアメリカでは事業計画の意思決定において住民参加が重視されている。たとえば、図1-6は、アメリカでマダラフクロウ（Northern Spotted Owl）が絶滅危惧種に指定されたときの森林管理計画のプロセスを示したものである。アメリカ北西部の国有林の伐採によって原生林が減少し、高齢林を生息域とするマダラフクロウの個体数が激減したことから、絶滅危惧種

法（Endangered Species Act）によってマダラフクロウが1990年に絶滅危惧種として指定された．このため，マダラフクロウの生息域である広大な面積の森林が伐採禁止となった．これを受けて森林局と内務省はそれぞれ森林管理計画を作成したが，林業関係者と環境保護団体との対立が深刻化したことから，クリントン大統領が森林会議を設置し，そこで利害関係者による意見交換が行われた．そして1993年の中間評価書では全部で10種類の代替案が比較検討された．中間評価書に対しては約10万件のコメントが一般市民などから提出された．また3カ所で公聴会が行われ，359名が参加した．これらの意見をふまえて1994年に最終報告書が提出された．この最終報告書にしたがって森林管理が実施されたが，その後も森林管理計画の見直しは継続され，1998年には環境アセスメントが再開された．1999年に公表された中間評価書では4つの代替案が比較検討され，これに対して約3900件のコメントが一般市民などから提出された．これらのコメントをもとに最終評価書が2000年に公表された．このようにアメリカの環境アセスメント制度では，計画の初期段階から事業開始後までのさまざまな段階で住民参加の機会が設けられており，住民の意見を意思決定に反映することが可能となっている．

　アメリカの環境アセスメントの制度では，住民参加が意思決定のプロセスに組み込まれているため，日本の制度よりも住民の意見を意思決定に反映させることが可能となっている．ただし，利害関係者間に深刻な対立が発生している状況では，何度も公聴会を繰り返して合意形成を図る必要があり，意思決定までに膨大な時間とコストを必要とするという問題点も残されている．マダラフクロウ問題のように全国的に論争となった場合には，利害関係者は開発地域の周辺住民だけではなく，全国の一般市民にまで及ぶことから，不特定多数の一般市民の意見まで考慮しなければならない．だが，環境アセスメントにおける住民参加では，公聴会に参加して意見を述べたり，アセスメントの評価書に対してコメントを提出した人びとの意見を反映させることはできても，それ以外の不特定多数の一般市民の意見まで反映させることは難しい．環境問題に対する一般市民の関心が高まったことから，不特定多数の一般市民の意見を意思決定に反映させることが重要な課題となっている．

　このように従来の住民参加による環境アセスメントに限界が生じていること

から，新たな方法で開発が社会に及ぼす影響を調べる必要性が高まっている．そこで，社会的な観点から環境への影響を評価する社会的影響評価（Social Impact Assessment）が注目されている．社会的影響評価とは，開発などによって環境が変化したときに地域住民や一般市民が受ける影響を社会科学的な観点から評価するものである．たとえば，経済学的な観点から環境悪化が社会にもたらす損失を評価したり，あるいは社会学的な観点から開発が地域社会構造に及ぼす影響を評価することが可能である．国際影響評価学会（IAIA：International Association for Impact Assessment）が2003年に社会的影響評価を提唱し，また同年にはアメリカにおいて評価ガイドラインが提案されている．しかし，社会的影響評価は本格的に研究が開始されて間もないことから，現段階ではさまざまな評価方法が模索されている状況にあり，まだ方法論は確立されているとはいえない．環境アセスメントにおいて実用に耐えうる社会的影響評価の手法開発が緊急の課題となっている．

　本書では，このような問題意識から，環境に対する住民の価値観を評価するための社会的影響評価の手法として，自然科学的環境評価に基づく環境変化のシナリオを用いた新しい形の環境意識調査に着目する．この環境意識調査は，環境に対する住民の意識を調査するアンケート調査であるが，これはいわばアンケートの中で仮想的な住民参加を実施することで住民の環境に対する意見を評価し，事業計画に反映させることを目的としている．本書では，環境に対する人びとの価値観を事業計画に反映させるための方法としてシナリオを用いた環境意識調査の有効性を示すことを目的としている．

　なお，社会的影響評価を実施するためには，その事前情報として自然科学的環境評価が不可欠である．たとえば，アメリカの環境アセスメント制度では，自然科学的な観点から実施された環境影響の評価結果を公表し，住民に意見を求めるように，自然科学的環境評価と住民参加の両者がセットとなっている．自然科学的環境評価だけでは住民の意見を反映させることはできない．逆に自然科学的環境評価がなければ住民に意見を求めても住民は判断できないであろう．そして，このことは，社会的影響評価においても成り立つ．社会的影響評価は，環境に対する住民の意見を評価できるものの，自然科学的な評価がなければ住民は事業計画に対して明確に意見を表明できない．自然科学的環境評価

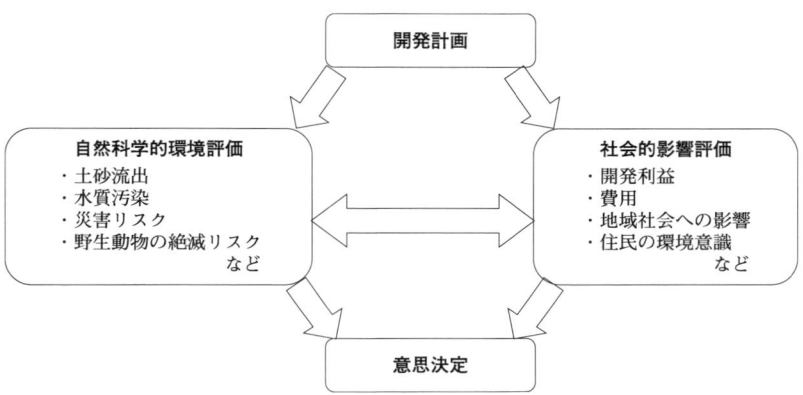

図1-7　自然科学的環境評価と社会的影響評価

と社会的影響評価は両者がセットにならなければ意味をなさない（図1-7）．そこで，本書では自然科学の研究者と社会科学の研究者が協力し，自然科学的環境評価と社会的影響評価の連携方法について検討を行った研究プロジェクトを事例として紹介することにした（第5章：5-2節）．

1-3　環境意識調査

(1)　環境に関する世論調査

　国民の意識（世論）に関する調査は，内閣府（旧総理府）がさまざまな観点から毎年数多くの調査を行っている（http://www8.cao.go.jp/survey/index2.html）．たとえば，「国民生活に関する世論調査」は，1948年（昭和23年）に始まり，1957年以降はほぼ毎年実施されている．当初は，衣食に関する設問が大半を占めており，食糧の配給・自由販売，衣料切符などに関する充足度・希望に関する質問があることから，終戦直後の国民生活の一端がしのばれる．

　表1-3には，環境に関連した世論調査の実施状況をリストとして挙げ，テーマ別に課題を整理した．「環境問題に関する世論調査」は，1971年に始まり，1981年までの間は「公害問題に関する世論調査」として2～3年ごとに実施され，1984年の「環境問題に関する世論調査」まで，公害に関する質問が中心で

表 1-3 内閣府（総理府）が実施し

テーマ	調査課題 （○○○に関する世論調査）	S46 71	S47 72	S48 73	S49 74	S50 75	S51 76	S52 77	S53 78	S54 79	S55 80	S56 81	S57 82	S58 83	S59 84	S60 85	S61 86	S62 87
地球環境問題	地球温暖化対策																	
	温暖化防止とライフスタイル																	
	地球温暖化問題																	
	地球環境とライフスタイル																	
	地球環境問題																	
	環境問題	●													●			
公害	公害問題	●	●	●			●	●										
環境保護・保全	自然の保護と利用																	
	自然保護											●			●			
	環境保全と暮らし																	
	環境保全																	
	環境保全活動																	
森林	森林と生活																	
	森林・林業						●				●							
	森林とみどり																	
	みどりと木															●		
水・河川環境	水																	
	水環境																	
	河川																	
	水資源						●			●						●		
	人と水のかかわり																	
	治水対策																	
	水害・土砂災害等																	
	河川と土砂害															●		
	河川と水害						●											

た環境関連の世論調査年表

S63	H1	H2	H3	H4	H5	H6	H7	H8	H9	H10	H11	H12	H13	H14	H15	H16	H17	H18	H19	H20	H21
88	89	90	91	92	93	94	95	96	97	98	99	00	01	02	03	04	05	06	07	08	09

あった．1988年以降は，質問内容が地球環境問題へとシフトし，1990年以降は調査のタイトルに「地球環境」の言葉が入るようになり，ほぼ3〜5年ごとに調査されている．森林や水・河川環境に関する調査も1976年以降3〜4年ごとに実施されている．また，自然保護に関する調査は，1981年から5年ごとに実施されている．

これらの調査は，長期にわたって実施されており，質問の内容や表現がよく吟味され，各調査課題に相応しい質問票が設計されている．調査方法としては，層化2段無作為抽出法による対象者の抽出を行い，調査員による個別面接によって回答の回収率が最近の調査でも50〜60％を維持している．そのため，同一課題の調査が長期にわたって実施されることによって，質問の選択肢ごとへの回答比率の経年変化から，国民の意識の時間的変化を把握することが可能である．一方で，人びとの環境意識を測る尺度は必ずしも明確ではなく，複数の質問への回答を比較し，その相関関係などから，環境意識の細部に踏み込んだ解析はなされていない．これは，調査時点での意見（世論）の聴取が主目的であるためと考えられる．1-2節(2)で述べた仮想的な住民参加の手法としての環境意識調査では，住民の価値観を計画に反映させることが最終的な目的となるが，そのためには，環境意識を測る尺度について考察しておく必要がある．

(2) 環境意識の尺度

1）経済的環境評価

社会学や心理学では，環境意識の構造，環境配慮行動の規定要因について社会調査に基づいた研究が行われている．たとえば，環境社会学において，新エコロジカルパラダイム（NEP: New Ecological Paradigm）の尺度に関する研究の長い歴史がある（Dunlap et al. 2000）．また環境経済学では，市場の外部に存在する環境の経済価値を測定するための手法が開発されている．ここでは，経済的な環境の価値評価について考察する．

環境の経済的価値の評価法は，人びとの環境に対する選好との関係の有無により，選好独立型評価法と選好依存型評価法とに分けられる．選好独立型評価法には，環境を再生したり，代替環境を整備したりするために要する費用をその環境の価値と考える再生費用法と，環境の劣化や回復が何らかの経済的価値

として算定できる場合にその総和を環境の価値とする適用効果法がある．これらの選好独立型評価法は，得られる結果に変動が少ないため，環境関連の事業を行おうとする際の前提として有効な情報とされてきた．しかしながら，現在の経済システムの中では，個人の選好が重要であり，選好独立型評価法に基づく価値評価をそのまま環境の価値とすることは，現在の経済システムにおいて，社会的に受容されなくなってきている（鷲田1999）．

　一方，選好依存型評価法は，個人の選好を抽出する方法によって大きく２つに分けられる．個人が実際に支出している金額から推定する顕示選好法と，環境変化や保全に対して個人がその選好に基づいて提示する評価額から推定する表明選好法である．顕示選好法には，旅行費用法とヘドニック価格法がある．顕示選好法は，実際の支払い行為や価格設定が前提となるため，観光地や住宅地などの環境に対する経済価値を推定することはできるが，適切な価格設定ができない自然の環境などでは適用が難しい．一方の表明選好法には，仮想評価法（CVM: Contingent Valuation Method）やコンジョイント分析（Conjoint Analysis）などがあり（栗山1998,2000；鷲田1999；大野2000；栗山・庄子2005），価格設定がない環境に対しても人びとの選好に基づいて表明される支払い意志額（WTP: Willingness to Pay）や受け取り意志額（WTA: Willingness to Accept）から環境の価値が推定され，また，重要視される環境の属性を特定する試みがなされている．これらの調査では，仮想的な環境に対する選好が問われるが，この仮想的な環境を提示する際，シナリオが用いられる．表明選好法およびそこでのシナリオの扱いについては，第5章で述べることにする．

2）人びとの環境評価と自然科学的環境評価

　環境を人びとはどのように評価しているかについては，直接意見を聞けばわかるであろう．たとえば，家の前を流れる川を見ながら，「この川を見て，どう思いますか？」と尋ねれば，さまざまな答えが返ってくるであろう．「水はきれいだけど，ゴミが散らかっていて汚らしい」，「川底の石に緑の藻がたくさん生えていて気持ちが悪い」，「小魚がたくさんいて楽しい」などなど．川といっても，どこに注目するかは人それぞれ，表現もそれぞれであろうが，同じ川については似かよった評価をするであろう．

一方，自然科学や環境科学の研究者が同じ川を評価する場合は，物理化学・生物学的な調査結果に基づいて，多くの場合，客観的な数値で表現する．「透視度35cm」，「硝酸態窒素濃度3ppm」などであり，方法が同じで技術力が充分であれば，誰が測定しても同じ評価結果になるであろう．

　これら人びとによる評価と研究者による評価は，それぞれ同じ対象である川に対するものなので，両者には相関があると期待できる．この点について，河川の景観を構成している河床付着物や水質などについての人びとの評価と科学的な測定値の関係を調査した例がある（島谷・皆川 1998；皆川ほか 2003）．この調査では，10～30名程度の被験者をある河川に案内し，「水のきれいさ」や「川底のきれいさ」などについて5段階評価してもらうと同時に，研究者は河川水や河床付着物を採取し，化学分析を行った．そして，人びとの景観評価と分析結果の相関を解析した結果，川の水のきれいさと生物化学的酸素要求量（BOD: Biochemical Oxygen Demand）等の水質分析項目との間の相関はほとんど見られないが，水のきれいさと透視度や濁度との間には高い相関が見られている．人びとの水質の評価には，水の透明度や水の色が大きく影響していることが示されている（島谷・皆川 1998）．また，川底のきれいさの評価と河床付着物量（有機物量の指標である強熱減量）やクロロフィルa量（付着藻類量の指標）との間に相関が見られている（皆川ほか 2003）．

　このような環境心理学的な調査と自然科学的な調査を同時に実施することにより，人びとが川の景観をどのようなところで評価しているのかについての詳細が明らかにされる可能性がある．人びとの環境評価と自然科学的環境評価の相関関係を用いれば，今後の環境施策や開発に伴う環境変化に対する人びとの評価を事前に推定することが可能になるかもしれない．しかしながら，人びとが環境を評価する環境の属性がただひとつに限られていることは稀であり，さまざまな属性を人びとは評価していると考えられる．環境を構成する属性のそれぞれに人びとが選好を持ち価値評価するとして，それらを単純に加算したものがその環境の価値になるとは限らないであろう（吉岡 2002）．ひとつの環境に対して，複数の評価項目がある場合（たとえば，「水のきれいさ」と「川底のきれいさ」など）は，それらの間での重要度の違いも考慮しなければならない．このような場合，起こると予想される環境変化をひとつのシナリオとして提示

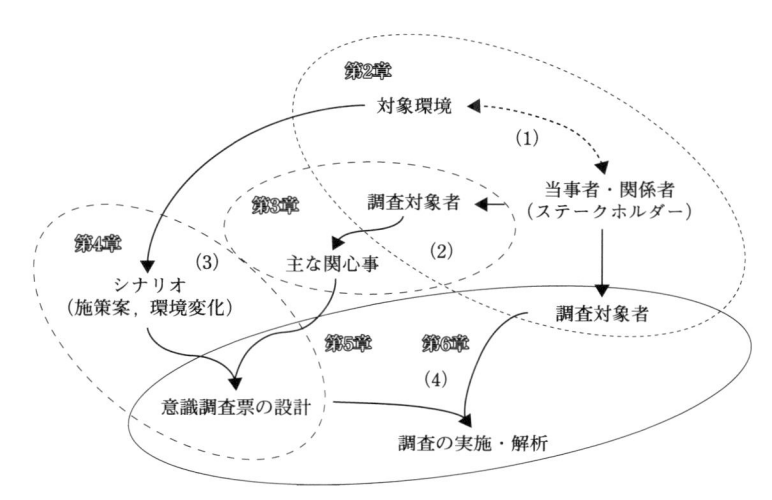

図 1-8　シナリオを用いた環境意識調査の流れ

(注)　各プロセスは括弧付きの数字で，記述されている章は白抜き文字で示した．

し，そのシナリオに対する人びとの選好を問うという形が考えられる．これが，本書において環境意識を調査するうえでシナリオに重点を置く理由である．

1-4　本書の構成と内容

環境変化のシナリオを用いて人びとの環境意識を調査する場合に不可欠なプロセスは，(1)対象環境，調査対象者の選定，(2)人びとが重視する主な関心事の把握，(3)シナリオの作成，(4)意識調査票の設計と調査の実施・解析である（図1-8）．

これらは，第2章〜第6章で記述しているが，プロセス(1)は第2章に，プロセス(2)は第3章に，プロセス(3)は第4章に，プロセス(4)はアンケートとして調査する場合と住民会議の形で実施する場合とに分けて，それぞれ第5章と第6章に対応している．

以下は，各プロセスと各章の概要である．

(1) 対象環境, 調査対象者の選定

環境意識調査を実施するには, どの環境に対して, どういう人びとの意識を調査するのかを決めねばならない. 図1-8に示したように, 対象環境と当事者あるいは関係者（ステークホルダー）は, 通常の環境施策においては, 施策が及ぶ環境とその近隣の住民という組み合わせであろう. しかし, 環境保全一般に関する意識調査や, 地球温暖化や世界自然遺産の保全などに関する意識調査では, ステークホルダーの範囲設定は, 調査目的によって変わりうるものである. 調査の課題と目的に沿って対象環境と調査対象者の選定を行わねばならない.

第2章「環境意識調査における調査対象および調査方法の設定」では, 対象環境と調査対象者の関係について整理するとともに, 調査対象者の抽出に関する統計的な取り扱いなど技術面についても解説している.

(2) 人びとが重視する主な関心事の把握

環境は, さまざまな物理的, 化学的, 生物的要素が絡み合っており, シナリオを設計する際に, どの要素（属性）を取り上げねばならないのかは大きな問題である. 自然科学的に見て重要と考えられる環境の属性が, 人びとの意識においても重要であるとは必ずしも限らない. あらかじめ, 人びとが重視している属性を把握しておけば, シナリオの作成が効率的にできるであろう. そのための手法として, 自由記述形式のアンケート調査を取り上げた.

第3章「人びとの環境への関心をさぐる」では, 自由記述形式の質問の意義と解析の手法について概説している. また, 人びとが環境に対して持っているイメージを尋ねた調査の解析事例を紹介する. これは, 簡単な形態素解析という方法を用いており, アンケートでしばしば用いられる自由記述形式の質問のデータ集約に応用が可能なものである.

(3) シナリオの作成

環境変化のシナリオの作成には, 自然科学的な情報が不可欠である. これは, 環境アセスメントにおける環境影響評価に相当するものである.

第4章「環境変動を予測しシナリオ群を作成する」では, 環境の変化を記述,

予測するための自然科学的なモデル群について解説している．事例として，「環境意識プロジェクト」で構築した森林流域における物質循環シミュレーションモデルを紹介しているが，異なるシステム（森林，河川，湖沼）間をつなぐ際に必要となる工夫や困難な点についても触れている．シナリオアンケートで使用するシナリオ群の予測結果を提示した．

(4) 意識調査票の設計と調査の実施・解析

シナリオを用いたアンケート調査では，環境影響評価の結果を調査票として設計しなければならない．また，住民会議形式を採用する場合は，シナリオワークショップという方式が使われ，シナリオの作成のほかに，住民間で活発に議論してもらえる条件を整えなければならない．これらの作業は，プロセス(3)で能力を発揮する自然科学者にはまったく不慣れなものであり，社会科学者の関与がなければならない．また，調査の実施と解析には，意識調査の一般的な手法に加えて，環境経済学の分野で発展している調査手法を応用する必要がある．

第5章「シナリオを使って人びとの環境意識を解きほぐす」では，第4章で作成されたシナリオ群を用いたシナリオアンケートの設計，実施，解析をとりまとめている．

第6章「住民会議で環境の将来像をデザインする」では，シナリオを用いた住民会議の例（シナリオワークショップ）を取り上げている．環境施策の立案，決定，実施にあたっては，環境アセスメント法に則った民主的なプロセスが不可欠であり，住民の参画の重要性が認識されるようになってきた．この章で紹介するシナリオワークショップは，環境変化のシナリオを用いて住民達が自らの望む将来の環境・社会の姿を選択するための手法として，近年注目されているものであり，当事者間の活発なやりとりが期待されるものである．

(5) 環境意識調査の活用

図1-8では表現されていないが，シナリオを用いた環境意識調査の結果は，具体的な環境施策の企画立案，実施の場面で活用されてはじめて意義のあるものとなる．本書で紹介する調査事例では，具体的な活用にはいたっていないが，

第7章「シナリオを用いた環境意識調査を環境施策に活かす」では，シナリオを用いた環境意識調査の結果や手法を具体的な環境施策にどのように反映できるのか，また，その展望と課題について考察した．

1-5 「環境意識プロジェクト」について

「序」で簡単にふれたが，本書で調査事例として取り上げた「環境意識プロジェクト」について，改めて紹介しておきたい．

(1) プロジェクトの目的

「環境意識プロジェクト」は，総合地球環境学研究所の研究プロジェクトとして2003～2008年度の6年間実施されたもので，人間と自然の相互作用の結果として形成される人間の環境に対する意識，価値判断を明らかにすることを目的として計画された．

(2) 「環境意識プロジェクト」におけるシナリオを用いた環境意識調査

このプロジェクトでは，シナリオを用いた環境意識調査として，以下の2つのアンケート調査を実施した（第5章参照）．ともに複数のシナリオについて人びとの選好を問うコンジョイント分析を応用した調査であるが，環境変化のシナリオを用いた環境意識調査「シナリオアンケート」が中心となる調査手法である．この調査では，対象環境を森林集水域とし，森林伐採という人為的なインパクトやそれによって変化する集水域環境をシナリオとして設計し，その環境変化に対する人びとの評価を解析することで，環境の変化と環境意識の関係を明らかとする方法をとった．

1）「シナリオアンケート」

異なる伐採計画に伴う森林―河川―湖沼環境の変化シナリオを評価してもらい，どのような環境変化を人びとが気にかけるのかを推定する調査．プロジェクトでは，この調査を「シナリオアンケート」と呼んでいる．自然科学と社会科学の協働のもとに設計・実施した意識調査である．この調査では，北海道北

部に位置する朱鞠内湖集水域を対象として，森林伐採を行ったときに，森林―河川―湖沼環境にどのような影響が及ぶかを自然科学的なシミュレーションモデルを使った計算や観測などを通して予測し，その結果を用いて環境変化シナリオを作成して評価してもらった．

２）「人工林伐採計画案のコンジョイント分析」

　地球環境，森林環境の保全，あるいは，日本の木材自給率向上を目的とした人工林伐採に関する施業シナリオを評価してもらい，どのような伐採計画が人びとにとって受け入れられやすいかを推定する調査．伐採計画案として，「場所」・「面積」・「伐採方法」・「後施業（植林）」の４項目（シナリオの属性と呼ぶ）の内容が異なる８つのシナリオを作成し，それぞれについて計画案の良し悪しを評価してもらった．これにより，人工林伐採の施業において，どのような計画が好ましいかを推定するほか，４つの属性の重要度を推定した．このアンケート調査は，４つのプロセスのうち，(2)と(3)を必要とはしないが，シナリオを用いた環境意識調査のひとつとして数えられる．

　「環境意識プロジェクト」では，これら２つのアンケート調査のほかに「森林―農地―水系に関する関心事調査」を実施している．この調査の解析結果については，一部をすでに**表1-1**で紹介したが，そのほかに，森林と川・湖に対する人びとのイメージを自由記述形式で回答してもらっている（キーワード調査）．そのデータ解析によってプロセス(2)「人びとが重視する主な関心事の把握」を行ったが（第３章），その結果は「シナリオアンケート」調査におけるシナリオと調査票の作成を効率化するために使用している．

　また，シナリオを用いた住民会議「シナリオワークショップ」も実施した（第６章参照）．これは，環境変化のシナリオをもとに住民が自らの考えをもとに将来の環境像を構築する手段のひとつとして注目されている手法である．アンケート調査と比較して，より直接的に住民の環境意識を施策立案に反映させることが可能である．シナリオは，議論のきっかけや将来の環境像のひな型を参加住民に与えるとともに，自然科学者や社会科学者といった専門家との対話を円滑にする装置でもある．「環境意識プロジェクト」で実施されたシナリオ

ワークショップは,シナリオアンケートの対象環境となった朱鞠内湖が位置する北海道雨竜郡幌加内町で開催され,30年後の町の自然と社会について議論されたものである.

このように,「環境意識プロジェクト」は,環境変化のシナリオを道具として,人びとの環境意識を理解し,それを環境施策につなげる方法を模索したものである.

(吉岡崇仁・鄭躍軍・松川太一・栗山浩一)

引用文献

Ajzen, I. (1985) From intentions to actions: A theory of planned behavior. J. Kuhl and J. Beckmann eds., Action control: from cognition to behavior, Berlin, Germany: Springer, pp. 11-39.

Collins, S. L., S. M. Swinton, C. W. Anderson and others (2007) Integrative Science for Society and Environment: A strategic research initiative. P. Taylor ed., LTER network office publication #23 (http://www.lternet.edu/decadalplan/).

Dunlap, R. E., K. D. Van Liere, A. G. Mertig and R. E. Jones (2000) Measuring endorsement of the new ecological paradigm: A revised NEP scale. Journal of Social Issues, 56, pp. 425-442.

栗山浩一(1998)環境の評価と評価手法,北海道大学図書刊行会.

栗山浩一(2000)図解 環境評価と環境会計,日本評論社.

栗山浩一・庄子康(2005)環境と観光の経済評価―国立公園の維持と管理,勁草書房.

International Association for Impact Assessment (2003) Social Impact: Assessment International Principles, Special Publication Series No.2, pp.8 (http://www.iaia.org/publicdocuments/special-publications/SP2.pdf)

松川太一・吉岡崇仁・鄭躍軍(2009)森林―農地―水系に関する関心事調査,社会と調査,3, pp.59-64.

Millennium Ecosystem Assessment 編(2007)国連ミレニアムエコシステム評価 生態系サービスと人類の将来,横浜国立大学21世紀COE翻訳委員会責任翻訳,オーム社.

皆川朋子・福嶋悟・萱場祐一・尾澤卓思(2003)河床付着物と視覚的評価の関係に関する研究―攪乱の視点から―,第7回応用生態工学会,北九州,要旨集,pp. 71-74.

大野栄治編(2000)環境経済評価の実務,勁草書房.

斉藤友則・木庭啓介・酒井徹朗・亀田佳代子・吉岡崇仁(2002)コンジョイント分析を用いた野生動物問題に対する仮想的対策事前評価―滋賀県琵琶湖におけるカワウ問題を事例として―,日本評価学会誌,2, pp. 79-90.

Schwartz, S. H. (1977) Normative influences on altruism. Advances in Experimental Social Psychology, 10, pp. 221-279.

島谷幸宏・皆川朋子（1998）景観から見た河川水質に関する研究, 環境システム研究, 26, pp. 67-75.

総合地球環境学研究所研究プロジェクト「流域環境の質と環境意識の関係解明」（環境意識プロジェクト）編（2008）環境についての関心事調査（ISBN:978-4-902325-27-0）.

Stern, P. C., T. Dietz, T. Abel, G. A. Guagnano and L. Kalof (1999) A value-belief-norm theory of support for social movements: The case of environmental concern. Human Ecology Review, 6, pp. 81-97.

Swedberg, R. (2005) Can there be a sociological concept of interest? Theory and Society, 34, pp. 359-390.

鷲田豊明（1999）環境評価入門, 勁草書房.

吉岡崇仁（2002）環境の評価に対する自然科学の役割　環境研究における自然科学と人文・社会学の融合への提言, 岩波「科学」, 72, pp. 940-947.

吉岡崇仁（2009）持続可能な発展と環境評価, 中尾正義・銭新・鄭躍軍編, 中国の水環境―開発のもたらす水不足―, 勉誠出版, pp. 185-207.

鄭躍軍・吉野諒三・村上征勝（2006）東アジア諸国の人々の自然観・環境観の解析―環境意識形成に影響を与える要因の抽出―, 行動計量学, 33, pp. 55-68.

第2章 環境意識調査における調査対象および調査方法の設定

環境意識調査（以下「意識調査」）を実施するには，対象となる環境（以下「対象環境」）と，調査の対象となる人びと（以下「調査対象者」）を決めなければならない．そこで，この章では，対象環境と調査対象者の設定の仕方を中心に，調査対象者の選び方，調査の方法について整理する．なお，意識調査を用いた先行研究は外国語文献も含めて数多くあるが，本章では日本語文献に絞って調べている．

2-1 対象環境と調査対象者の設定

意識調査を行うにあたって，まずは，対象環境と調査対象者を設定することから始める．この節では，これまでの意識調査における対象環境と調査対象者の設定について簡単にまとめ，あわせて，総合地球環境学研究所の研究プロジェクト「流域環境の質と環境意識の関係解明」（以下「環境意識プロジェクト」）で実施した意識調査における対象環境と調査対象者の設定について述べる．

(1) 対象環境

環境影響評価法では，アセスメントの調査項目となるのは，典型七公害と地形や地質，動植物などの自然環境とされているが，近年では，快適さや生物多様性なども調査項目として加わる傾向が見られる．たとえば，市町村が策定する環境基本計画では，名称は市町村によって若干違いがあるものの，おおよそ社会経済環境，生活環境，自然環境，快適環境，地球環境などに環境を区分し，それぞれについて方針を定めたりしている．

こうした区分が行われる背景には，法律成立以前から，多様な環境を対象に

意識調査が行われたことが関係しているといえる．たとえば，道路（近藤・大井・須賀・宮本 1995）や都市公園（北口・斯波 1987），森林（菅原 1985）や河川（村川・飯尾・西田・日野 1985）・湖沼（柳町・沼尾 2007），さらには地球環境（原田・久野 1996）などである．対象環境は，○○川や，××山の森林というように具体的に設定する場合と，河川や森林というように一般的に設定する場合とがある．

(2) 調査対象者

　環境の変化が問題となるのは，人間の生活に直接影響を与える場合である．その点を踏まえ，意識調査でも調査対象者として設定されるのは，環境の変化で直接影響を受けると予想される住民であることが多い．ただし，住民は必ずしも受動的に影響を受ける存在というわけではない．家庭排水の排出のように，能動的に環境に変化を与える主体として調査対象者を住民に設定する調査もある（田畑・白子・菅 1986；宇野・上田・花形 1994）．一方で，テレビや本などから環境の変化を問題として認識する場合もある．一般的な河川や森林を対象環境に設定できるのはそのためである．なお，学生など特定の属性に着目して調査対象者を設定する場合もあるが（穂坂 1999；山本 2005），特に学生だから他の属性に比べ環境保全に対する意識が強いということを必ずしも示しているわけではないので，基本的には，市町村住民の中から特定の層を抽出したものとみなしてよい．

(3) 対象環境と調査対象者の関係

　環境の変化を伴う政策決定において意識調査の結果が参考にされるのは，政策の方向性を決める場面と，決まった政策の影響を事前に推測する場面である．
　そこで，この2つの場面について，対象環境と調査対象者の関係を整理する．なお，調査対象者となる人たちを行政区画でまとめたときに，政策の実行主体を含む最小の範囲は市町村ということになる．そこで，さしあたり市町村住民を調査対象者として固定したうえで，対象環境との関係を示すことにする．

1）政策の方向性を決める場面

　特定の環境に対する政策の方向性を決める際に，2-1節で述べたように対象環境を機能ごとに区分しておくと，環境のさまざまな機能に市町村住民がどの程度関心があり，それらの機能をどのように評価し，どのような政策を求めているかを知ることができる．○○川や××山の森林など，市町村内にある河川や森林などを具体的に示してある場合も同様である．

　たとえば，生活環境は居住地を中心に日常的に接する環境であるので，自動車の騒音対策が求められている（近藤・大井・須賀・宮本 1995）とか，快適環境は公園などレクリエーション目的に訪れる環境であるので，トイレがあると利用頻度が高くなると予測される（萩原・萩原・清水 2001），あるいは，自然環境は水源を涵養する森林，汚水を浄化する河川など，環境の非利用価値に焦点を当てた環境であるので，土壌流出や保水，大気浄化といった機能を高める森林整備を住民が希望している（柘植 2001）といった具合である．

　環境意識プロジェクトが実施した「森林―農地―水系に関する関心事調査」（以下「関心事調査」）も対象環境を機能ごとに区分し，それぞれの機能について調査対象者の関心の程度や評価を明らかにする方法を採用している．すなわち，調査対象者である指定都市，20万以上都市，20万未満都市，町村の各住民に，一般的な森林，河川・湖沼，農地の各機能，たとえば森林であれは「木材の生産」や「渇水の軽減」などの機能，河川・湖沼であれば「生活用水」や「水質浄化」などの機能，農地であれば「穀物生産」や「水・土壌保全」などの機能について関心の程度を尋ねている（総合地球環境学研究所研究プロジェクト「流域環境の質と環境意識の関係解明」（環境意識プロジェクト）編 2008a）．

2）決定した政策の影響を事前に推測する場面

　一方，特定の環境に対する政策が決まっている場合は，その内容とその政策が環境変化に及ぼす影響の程度によって，市町村住民のなかから特定の調査対象者を選び出すこともありうる．河川を例に説明しよう．

　水質：河川の水質改善を行う際に水質に対する評価を知りたければ，その河川を下水の排出先として使用している住民を調査対象者に設定するとよい．そうすると，水質の悪い原因が家庭排水であることを知っている住民が意外に多

いことや，水質改善のために使う洗剤の量を減らすなどの努力をしようする意思のある住民が多いことがわかる（田畑・白子・菅 1986）．

洪水：洪水対策の評価を知りたければ，それまでに洪水が発生して被害を受けた場所の住民を調査対象者に設定すればよい．洪水対策の代案が複数あれば，住民の評価順位を知ることができる．吉野川を例に挙げると，上流に堤防を造る方がダムの建設より優先順位が高いことがわかる（定井・上田 1982）．

レクリエーション：親水公園の評価を知りたければ，その親水公園を訪れる利用者を調査対象者に設定すればよい．あるいは，対象となる親水公園の近くの住民を調査対象者に設定すればよい．設定にあたって，小学校区を利用するという方法がある（宮本・岡本 2004）．小学校区を利用すると，子供たちが親水公園を利用している可能性が高いので，その親も親水公園を訪れる可能性が高く，利用に関する評価を知ることができる．評価の高い公園は時間距離で30分以内のところにあることや，景観が評価を高める要因であることなどがわかる（宮本・岡本 2004）．

なお，調査対象者の範囲が複数の市町村にまたがる場合もある．たとえば，集水域を対象環境に設定する調査である（田畑・白子・菅 1986；柳町・沼尾 2007）．こうした調査では，湖沼の水質汚濁をテーマとするものが多いが，上流に山林があるので，ダムを建設する場合だけではなく，森林と河川を一体的に整備したい場合にも調査範囲として有効に利用できる．ただし，調査対象者の範囲が拡大すると，対象環境のことをまったく知らない人が含まれる割合が高くなるので，対象環境を一般化する，対象環境に関する情報を調査対象者に示すなどの工夫が必要である．後者を選ぶ場合は，評価を一定の方向に誘導する可能性がある（皆川・島谷 2002）ので，自然科学的な知見を踏まえた情報であることが望ましい．

この集水域に着目して，環境意識プロジェクトでは，「次世代に向けた森林の利用に関する意識調査」（以下「次世代アンケート」）と「森，川，湖の環境に関する意識調査」（以下「シナリオアンケート」）の2つを実施した．これら2つのアンケートでは，全国109の一級水系を森林率，人口密度，流路密度などを用いて4つのクラスターに分け，各クラスターから2水系ずつを取り出し，上流部で森林伐採が行われるという政策を仮定し，調査対象者を上流部の市町村

住民と下流部の市町村住民に設定し，この政策に対する評価を調べている．
（総合地球環境学研究所研究プロジェクト「流域環境の質と環境意識の関係解明」
（環境意識プロジェクト）編 2008b, c）．

2-2　調査対象者の抽出

　前節では，対象環境と調査対象者の設定についてまとめたが，調査の内容によっては，調査対象者全員を調査することが難しいので，調査対象者を選ぶ場合がある．そこで，この節では，調査対象者の抽出方法について，社会調査で行われている方法を簡単に紹介し，意識調査で用いられている方法と環境意識プロジェクトで用いられている方法について述べる．

　社会調査では調査対象の全体のことを母集団と呼び，母集団の中から取り出されたものを標本と呼ぶ．標本が属する母集団を代表していること（これを代表性という）を保証するには，客観的な方法によって抽出する必要がある．

(1)　標本抽出方法
　標本抽出方法には，大きく分けると，有意抽出法と無作為抽出法がある．

1) 有意抽出法
　有意抽出法は，調査者が任意に標本を抽出する方法である．たとえば，「○○川」の自然環境を評価してもらう人を「○○川」の利用者とする場合，利用者の母集団が何人なのかはわからない．したがって，標本を抽出するには，「○○川」に行って，そこにいる人を標本として抽出することになる．

　有意抽出法の方法には，最初は「○○川」の利用者からはじめ，回答者から別の回答者を紹介してもらい回答者を増やしていく「雪だるま法」，「10代10人，20代10人……」というようにはじめに回答者の条件を決め，その数に達するまで回答者を集める「割当法」，調査者が「これが典型的な利用者だ」と母集団の代表者を決める「典型法」などがある．

　有意抽出法は，母集団のサイズがわからないときには標本を容易に抽出できるメリットがあるのだが，その標本が母集団を代表していることを保証できな

いというデメリットがある．例の場合だと，調査に訪れた時間が朝か夕方か，その日が平日か休日かで利用者が大きく変わる．したがって，調査結果の一般化には，慎重になる必要がある．

2）無作為抽出法

一方，無作為抽出法は，住民基本台帳や選挙人名簿，電話帳などを使って母集団のリスト（これをサンプリング台帳と呼ぶ）を作り，そこから無作為に標本を抽出する方法である．有意抽出法とは違い，手続きにのっとって無作為に抽出されるので，有意抽出法ほど特定の標本に偏る心配がないというメリットがある．無作為抽出の方法には以下のものがある．

①単純無作為抽出法

リストに1から番号を振り，標本の数だけ乱数を発生させ標本を抽出する方法．たとえば，A市（人口10万人）の住民500人に〇〇川の自然環境を評価してもらう調査を行う場合，住民基本台帳などを利用してサンプリング台帳を作成し，1番から100000番まで住民に番号を振り，100000よりも小さい数値になるように500回乱数を発生させ，その番号の標本を抽出する．

単純無作為抽出法は，完全に無作為という点で，標本の抽出方法の中で精度は最も高いのだが，サンプリング台帳作成だけでも大変な手間がかかる．そこで，単純無作為抽出法を基本として，その手間を解消するものが，以下に示す方法である．

②系統抽出法

リストに1から番号を振り，最初の1回だけ乱数を発生させ，あとは等間隔に標本を抽出する方法．たとえば，A市の住民から500標本を抽出したい場合，100000÷500＝200間隔で標本を抽出する．最初の標本は200よりも小さい数値になるように乱数を発生させ，その番号の標本を抽出する．最初の標本が54番であれば，254，454…と順番に抽出していく．

系統抽出法は，単純無作為抽出法よりも精度は落ちるが抽出作業は楽である．ただし，ごく稀に，標本の抽出間隔と台帳に標本が並んでいるパターンが近い

③多段抽出法

　何段階かに分けて標本を抽出していく方法．たとえば，A市の住民から500標本を抽出したい場合，第１段階で選挙区や町丁目を単位に25地区抽出し，第２段階でその抽出した選挙区や町丁目の住民のなかから20標本ずつ抽出する．

　実際には地区の人口が異なるので，それに対応した抽出方法を使う．その方法としては，等確率抽出法と確率比例抽出法がある．等確率抽出法は，第１段階では地区の人口を考えずに同じ確率で地区を抽出し，第２段階で地区の人口に応じて標本を抽出する方法である．確率比例抽出法は，第１段階で地区の人口に応じて抽出される確率を変えて地区を抽出し，第２段階では同じサイズで標本を抽出する方法である．

　等確率抽出法では，第２段階で標本の抽出確率を調整する．たとえば，A市のB地区の人口がC地区の人口の２倍とすると，B地区から30人抽出すれば，C地区からは15人抽出される．一方，確率比例抽出法では，第１段階で地区の抽出確率を変える．B地区はC地区の２倍の人口を有しているので，C地区の２倍選ばれる確率が高くなるが，標本のサイズはどちらも20に設定するので，住民が標本として選ばれる確率が等しくなる．等確率抽出法では，人口の少ない地区からの標本は少なくなってしまうのに対し，確率比例抽出法では，人口の少ない地区からも多い地区と同じだけの標本を抽出することができるので，標本の偏りを避けることができる．

④層化抽出法

　母集団をいくつかのグループに分けて，グループごとに標本を抽出し，母集団の縮小版を作る方法．たとえば，A市の住民を年齢や性別，職業などでグループ（層）に分けて，各グループから標本を抽出して500にする．各層内での標本抽出は単純無作為抽出法でも多段抽出法でもよい．

　層化抽出法は，母集団の構成のミニチュア版を標本に期待することができる方法である．単純無作為抽出法と同程度の精度が期待できる方法であるので，国の世論調査をはじめ，母集団の規模の大きな社会調査で最もよく用いられて

いる方法である．

(2) 標本サイズの設定

　標本サイズとは，「A市の住民500人に聞いた」という場合の「500人」のことである．標本サイズを決めるにあたっては算出式があるのだが，これについては，井上ほか（1995）を参照されたい．重要なのは，調査結果が信頼に足るものになるように標本サイズを確保することである．酒井（2003）によると，1地域の調査なら500，クロス集計を行うなら1グループ最低30以上，統計分析を行うなら1グループ50程度，多変量解析を行うなら変数の数の10倍程度あると，分析結果が信頼されるとしている．

　標本サイズを決めるうえで，もうひとつ重要なポイントが調査の費用である．アンケート調査を実施すると，用紙の印刷や必要であれば調査員への謝礼，あるいは郵送費といった費用がかかる．標本をとるときには，どこでどのくらいのサイズをとるのか，調査の予算とも相談して決める必要がある．

(3) 意識調査における標本抽出方法と標本サイズ

　政策の方向性を決める場合も，政策の影響を事前に推測する場合も，調査対象者となる住民すべてに意見を尋ねるのが最も良いが，調査対象者の人数が多くなる場合は，市町村住民の中から調査対象者を選び，意見を聴取することになる．なお，快適環境に関しては，その場にいる人たちを利用者の典型とみなし，調査対象者とすることも行われている（橋本・桜井 2002；杉浦・糸長・藤沢 2006）．

　意識調査では，無作為抽出のためのサンプリング台帳の作成には，選挙人名簿（北村 1982；石田 1983；菅原 1985；原科・池田・小野 1989；山本 2002；加藤・田中・児玉・玉澤 2005），電話帳（杉村 1995；末次・大谷・岡部・都丸・川島・伊藤 1999），住民基本台帳（定井・上田 1982；柳町・沼尾 2007），住宅地図（須賀・大井・原沢 1993）が用いられている．

　また，抽出方法は，標本サイズによって決まっている．今回調べた範囲では，標本の抽出方法には，単純無作為抽出法（北村 1982；石田 1983；菅原 1985；末次・大谷・岡部・都丸・川島・伊藤 1999；山本 2002；加藤・田中・児玉・玉澤

2005），系統抽出法（定井・上田 1982；原科・池田・小野 1989；須賀・大井・原沢 1993），層化抽出法（柳町・沼尾 2007）が用いられている．標本サイズが1調査地区で1ケタ（杉村 1995）から1調査地区で1,000程度（北村 1982など）であれば，単純無作為抽出法，系統抽出法，層化抽出法が用いられている．一方，内閣府の調査のように1調査地区で標本サイズが3,000になると単純無作為抽出法は用いられず，層化抽出法が用いられている．

「関心事調査」では，全国を10の地域（北海道，東北，関東，京浜，北陸・甲信越，東海，近畿，中国，四国，九州）に区分し，人口規模に応じて指定都市，20万以上都市，20万未満都市，町村に分け，地域の人口に応じて標本数を比例配分し，住民基本台帳及び選挙人名簿を用いて標本を無作為抽出する，層化2段無作為抽出法を採用している．規模別の区分に若干違いがあり，また，標本サイズは1,800と内閣府の調査に比べると標本サイズが小さいが，基本的には内閣府の方法を踏襲している．

ただし，複数の市町村を範囲とする場合，そのまま無作為抽出を行うと，人口の多い市町村に標本が偏る可能性がある．そこで，実際に流域を対象環境とした意識調査で，人口比まで配慮して標本を抽出したものを調べると，内閣府の調査，安野・村川・西名（1996），柳町・沼尾（2007）があった．内閣府の調査は，人口規模に応じて大都市（東京都区部，政令指定都市），中都市（人口10万人以上），小都市（人口10万人未満），町村に分け，地域の人口に応じて標本数を比例配分している．安野・村川・西名（1996）は，島根県斐川町の人口構成比に対応するように，調査対象者の年齢比を20〜40歳未満と40歳以上の割合を1：2となるようにしている．また，柳町・沼尾（2007）は，長野県富士見町・下諏訪町・原村・諏訪市・茅野市・岡谷市の6市町村の調査対象者標本サイズ3,000のうち，他の市町村より人口規模が小さい原村を考慮して，20歳から10歳刻みの年齢階層と居住地の組み合わせに標本数をそれぞれ42割り当てており，残りを市町村別，年齢階級別人口に応じて比例配分している．

「次世代アンケート」と「シナリオアンケート」では，2段無作為抽出法を用いている．標本の偏りを防ぐために，「次世代アンケート」の標本サイズ6,400，「シナリオアンケート」の標本サイズ12,400（「禁止ペアあり」6,400と「禁止ペアなし」6,400：調査内容の詳細は後述）について，選びだした8水系の

上流と下流を分けて，それぞれ400ずつ標本を強制的に割り当てることで，下流と比べると人口の少ない上流の意識が反映されるように工夫している．この方法は，柳町・沼尾（2007）に近いといえる．

2-3 調査方法

調査対象が決まれば，アンケート用紙を配布，回収するわけだが，調査結果の信頼性を高めるためには，配布，回収の方法にも注意が必要になる．そこで，社会調査で用いられる調査方法を簡単に紹介し，意識調査および環境意識プロジェクトで用いた調査方法について述べる．

(1) 社会調査で用いられる調査方法

社会調査の調査方法には，調査員を用いる調査方法と，調査員を用いない調査方法がある．調査員を用いる調査方法は回答を確実に得られ，回収率が高いというメリットがあるが，調査員を訓練する費用がかかる．回答者との相性が回答に影響を及ぼすなどのデメリットがある．一方，調査員を用いない調査方法は，回答者が人前で回答しにくい設問を扱えるし，調査員を用いないので費用を安く抑えられるというメリットがあるが，回答者本人の回答か判断できない，回収率が低いというデメリットがある．主な調査方法には以下のものがある．

1）訪問調査法

調査員が調査対象者の元を訪れて，調査対象者にインタビューを行いながら，調査票に回答を記入する方法．回収率が高く，回答者本人の回答である確認ができるうえ，質問の誤読や記入ミスなどを防ぐことができるので回答の信頼性も高いが，回答に影響が出ないように調査員を訓練する必要があるなど，調査員にかかわる多くの費用がかかる．

2）留置調査法

調査票の配布または回収のどちらか，あるいは両方で調査員が直接調査対象

者を訪れる方法．調査票の配布や回収だけなら調査員の訓練が必要ないこと，回答に時間のかかる問題や人前では答えにくい問題も扱えること，回収の際に記入ミスなどをチェックできるので回答の信頼性も高いが，回答者本人の回答であるか確認ができない．

3）郵送調査法

調査票を郵送し，調査対象者に回答を記入してもらい，再び調査者のもとへ郵送してもらう方法．調査員を使わないので訪問調査法や留置調査法に比べると費用が安くすむので，広い範囲で調査を行うことができるが，回答者本人の回答であるか確認ができないし，質問の誤読や記入ミスを防ぐことができない．また，訪問調査法や留置調査法と比べると，回収率が低い．

4）電話調査法

調査員が調査対象者に電話で質問して回答してもらう方法．広い範囲で調査を行うことができるが，長い質問はできないし，回答者本人かどうかの確認が難しい．また，平日か休日か，朝か夜か，固定電話と携帯電話どちらの電話番号を使うか，といったことで，回答者に偏りが生じる．

5）来場者調査法

調査員が街頭や施設などに出向いて，通行人に質問して回答してもらう方法．多数の調査対象者から短時間で回答を得ることができるが，長い質問はできないし，調査員の訓練が必要になる．また，平日か休日か，朝か夜か，晴れか雨かといったことで，回答者に偏りが生じる．

6）インターネットを利用した調査方法

近年急速に普及したインターネットを利用した方法．電話調査法に比べると，調査員の人件費がかからないだけ，調査費用を安く抑えることができるし，短時間で多くの回答を集めることができる．ただし，回答者の年齢や性別，同じ回答者が何度も回答する回答の重複などを見分けることができない．

(2) 意識調査で用いられている調査方法

　意識調査で用いられている調査方法を多い順に見ると，郵送調査法（須賀・大井・原沢 1993；江川 1996；清水・木村・船木・滝口 1998 など），留置調査法（原田・久野 1996；安野・村川・西名 1997 など），来場者調査法（杉浦・糸長・藤沢 2006；高山・喜多・香川 2007），訪問調査法（島方 1976；原科・池田・小野 1989；青柳 2001）が使われている．電話やインターネットはほとんど使用されていない．

　標本サイズと調査方法の関係を調べてみると，今回調べた範囲では，1 調査地区あたりの標本サイズが 500 程度（原科・池田・小野 1989）までであれば，訪問調査法や留置調査法が行われる一方，1 調査地区当たり 400（原田・石原・久野 2000）以上になると，郵送調査法が用いられている．

　環境意識プロジェクトの 3 つの調査でもこの標本サイズと調査方法の関係が踏襲されている．「関心事調査」では，1 調査地区あたりの標本サイズの平均が 15 ということもあり，回答の精確さが保証される訪問調査法を用いている．一方，「次世代アンケート」と「シナリオアンケート」については，1 調査地区当たりの標本サイズが 400 ということもあり，訪問調査法では費用がかかってしまうため郵送調査法を用いている．

　ただし，2-3 節の(1)で述べたように，郵送調査法は訪問調査法や留置調査法と比べ回収率が低いので，回収率を考慮に入れて十分な標本サイズを準備しておく必要がある．今回調べた範囲では，郵送調査法での回収率は多いところで 5 割（山本 2002），中間で 3 割前後（杉村 1995；末次・大谷・岡部・都丸・川島・伊藤 1999；萩原・萩原・清水 2001），少ないところで 1 割ほど（加藤・田中・児玉・玉澤 2005）となっている．なお，環境意識プロジェクトの調査で郵送調査法を使用した「次世代アンケート」と「シナリオアンケート」の回収率は，「次世代アンケート」40.5％，「シナリオアンケート」38.0％であった．この数値は，訪問調査法を使用した「関心事調査」の回収率 49.2％より低い．

　もっとも，役所や町内会などの住民組織の協力が得られれば回収率は大きく上がり，郵送調査法でも 9 割ぐらいになる（安野・村川・西名 1997）．郵送調査法での回収率を上げたいなら，役所や町内会などの関係機関との交渉が不可欠である．

(前川英城・吉岡崇仁)

引用文献

社会調査に関する文献

井上文夫・井上和子・小野能文・西垣悦代（1995）よりよい社会調査をめざして，創元社．

森岡清志（1998）ガイドブック社会調査，日本評論社．

大谷信介・木下栄二・後藤範章・小松洋・永野武（1999）社会調査へのアプローチ―論理と方法―，ミネルヴァ書房．

酒井隆（2003）図解アンケート調査と統計解析がわかる本，日本能率協会マネジメントセンター．

内田治（1997）すぐわかるExcelによるアンケートの調査・集計・解析，東京図書．

意識調査に関する文献

青柳みどり（2001）環境保全にかかる価値観と行動の関連についての分析，環境科学会誌，14（6），pp. 597-607．

江川章（1996）都市近郊緑地空間に対する住民意識―埼玉県見沼田圃を事例として，農総研季報，31, pp. 1-17．

萩原清子・萩原良巳・清水丞（2001）都市域における水辺の環境評価，環境科学会誌，14（6），pp. 555-566．

萩原良巳・萩原清子・高橋邦夫（1999）都市の水環境創出計画方法論に関する研究，環境科学会誌，12（4），pp. 367-382．

原田昌幸・久野覚（1996）地球温暖化および地球環境問題に対する一般住民の意識，空気調和・衛生工学会論文集，62, pp. 71-79．

原田昌幸・石原健太郎・久野覚（2000）地球環境問題に対する住民意識と意識啓発手法に関する研究第1報―地球環境問題に対する一般住民の意識構造，空気調和・衛生工学会論文集，77, pp. 53-64．

原科幸彦・森田恒幸・丹羽富士雄（1979）湖環境に対する住民意識に関する研究―霞ケ浦周辺住民意識調査，地域学研究，9, pp. 155-173．

原科幸彦・池田琢磨・小野宏哉（1989）都市内中小河川の治水と親水面に関する流域住民の意識と行動―川崎市二ヶ領用水，平瀬川を対象として―，環境科学会誌，2（4），pp. 287-300．

原科幸彦・田中充・内藤正明（1990）住民観察にもとづく快適環境指標の開発―川崎市の環境観察指標―，環境科学会誌3（2），pp. 85-98．

橋本直樹・桜井慎一（2002）東京湾に対する環境意識と人工なぎさ造成政策の方向性，日本建築学会計画系論文集，562, pp. 323-328．

穂坂明徳（1999）環境意識と環境保全行動の選択要因に関する考察：高校生の環境意識分析を中心に，岐阜聖徳学園大学紀要教育学部外国語学部，38, pp. 67-85．

石田正次（1983）生活と森林―アンケート調査による住民意識の国際比較，地理，28（6），pp. 64-71．

加藤弘二・田中裕人・児玉剛史・玉澤友恵（2005）環境保全活動に対する住民の参加意識の分析，宇都宮大学農学部学術報告，19（2），pp. 21-31.

勝矢淳雄（1974）住民意識を指標とした生活環境の総合評価に関する研究，京都産業大学論集自然科学系列，4，pp. 91-118.

金承煥・糸賀黎（1986）韓国における自然環境保全に関する住民意識，造園雑誌，49（5），pp. 73-78.

北畠潤一（2006）大和川上流域の森林管理—住民意識の調査分析，産業と経済，21（5），pp. 29-45.

北口照美・斯波澄子（1987）公園緑地に対する住民意識の研究—奈良県・平城ニュータウンの場合，家政学研究，33（2），pp. 151-157.

北村昌美（1982）森林環境に対する住民意識—日本とヨーロッパ，不動産研究，24（3），pp. 3-9.

小谷野錦子・柳堀朗子・梅里迪正（2003）市民の環境意識と環境行動に及ぼす居住地の環境—愛知県内でのアンケート調査分析，経営研究，17（1），pp. 1-38.

近藤美則・大井紘・須賀伸介・宮本定明（1995）住宅地での環境意識の幹線道路との関係における自由記述法を用いた分析，環境科学会誌，8（4），pp. 353-368.

皆川朋子・島谷幸宏（2002）住民による自然環境評価と情報の影響—多摩川永田地区における河原の復元に向けて，土木学会論文集，713，pp. 115-129.

村川三郎・飯尾昭彦・西田勝・日野利夫（1985）長良川・筑後川・四万十川流域の特性と居住環境評価の分析—住民意識に基づく水環境評価に関する研究　その1，日本建築学会計画系論文報告集，355，pp. 20-31.

宮本仁志・岡本早夏（2004）小規模都市河川における流域住民の水環境意識調査，建設工学研究所論文報告集，46，pp. 67-78.

村川三郎・飯尾昭彦・西田勝・西名大作（1986）長良川・筑後川・四万十川流域の特性と居住環境評価の分析—住民意識に基づく水環境評価に関する研究　その2，日本建築学会計画系論文報告集，363，pp. 9-19.

村川三郎・西名大作・上村嘉孝（1996）河川環境整備に対する住民意識評価構造に関する研究その1—現況の整備と集計した整備案の評価結果，日本建築学会中国・九州地区研究報告，10，pp. 181-184.

村川三郎・西名大作・安野淳（1998）住民による地域の伝統的みどり景観の評価構造に関する研究，日本建築学会計画系論文集，509，pp. 77-84.

野原昭夫・白石英樹・荒木宏之・古賀憲一・井前勝人（1992）水辺環境の住民意識に及ぼす影響—佐賀市内クリーク網と有田川流域をケーススタディとして，佐賀大学理工学部集報，20（2），pp. 39-45.

根本哲夫・田畑貞寿・宮城俊作（1994）都市中小河川河辺空間の利用形態にみる住民意識の表出—松戸市坂川をケーススタディーとして，千葉大学園芸学部学術報告，48，pp. 95-100.

西名大作・村川三郎（1992）コンピュータ画像処理による河川環境整備案に対する住民意識

評価構造の分析，日本建築学会計画系論文報告集，441，pp. 15-24．
野田敏秀（1976）日常生活環境の中の緑の実態と住民意識との関係―岡山市でのケーススタディ―，新都市，30（5），pp. 16-29．
定井喜明・上田誠（1982）吉野川における住民意識構造と河川事業推進方策に関する研究，徳島大学工学部研究報告，27，pp. 9-25．
佐々木博（1987）山形盆地の森林・生活環境に対する住民意識，地域調査報告，9，pp. 39-50．
関清秀・五十嵐日出夫・黒柳俊雄・三谷鉄夫・山村悦夫・加賀屋誠一（1978）環境計画と環境影響評価―人造湖建設による環境変動の学際的追跡研究（中間報告），北海道大学大学院環境科学研究科紀要，1，pp. i-47．
島方洸一（1976）環境問題と住民意識―柿田川自然環境保護問題を例に，日本大学文理学部自然科学研究所研究紀要地理，11，pp. 17-28．
清水浩志郎・木村一裕・船木孝仁・滝口善博（1998）ダム事業に対する住民意識の類型化とその認識構造に関する研究，環境システム研究，26，pp. 193-201．
総合地球環境学研究所研究プロジェクト「流域環境の質と環境意識の関係解明」（環境意識プロジェクト）編（2008a）環境についての関心事調査（ISBN:978-4-902325-27-0）．
総合地球環境学研究所研究プロジェクト「流域環境の質と環境意識の関係解明」（環境意識プロジェクト）編（2008b）次世代に向けた森林の利用に関する意識調査（ISBN:978-4-902325-26-3）．
総合地球環境学研究所研究プロジェクト「流域環境の質と環境意識の関係解明」（環境意識プロジェクト）編（2008c）森，川，湖の環境に関する意識調査（ISBN:978-4-902325-25-6）．
末次忠司・大谷悟・岡部勉・都丸真人・川島幹雄・伊藤禎将（1999）河川環境整備と住民意識の関係についての一考察，環境システム研究，27，pp. 451-456．
須賀伸介・大井紘・原沢英夫（1993）自由連想調査とクラスター分析による水辺に対する住民意識の研究，土木学会論文集，458，pp. 91-100．
須賀伸介・大井紘・原沢英夫（1991）自由連想調査を通した湖環境に対する住民意識の研究，環境科学会誌4（2），pp. 103-114．
菅原聡（1981）森林環境に対する住民意識の国際比較―伊那とHannover・Göttingen，信州大学農学部演習林報告，18，pp. 1-23．
菅原聡（1985）森林環境に対する住民意識(1)共通的森林意識と地域的森林意識，信州大学農学部紀要，22（1），pp. 1-20．
菅原聡（1985）森林環境に対する住民意識(2)―森林環境と森林意識，信州大学農学部紀要，22（1），pp. 1-7．
菅原聡（1986）フィンランドにおいての森林環境に対する住民意識，信州大学農学部紀要，23（1），pp. 1-35．
杉村乾（1995）住民意識と立地環境から見た機能評価の総合化による森林機能配置計画―兵庫県南部における試み―，第8回環境情報科学論文集，pp. 63-68．

杉浦高志・糸長浩司・藤沢直樹（2006）丹沢大山地域における一般登山者の環境意識に関する研究―「丹沢大山総合調査」における地域再生研究プロジェクトその3，日本建築学会研究報告集II，建築計画・都市計画・農村計画・建築経済・建築歴史・意匠，76，pp. 145-148．

田畑貞敏・白子由起子・菅麻記子（1986）住民意識よりみた手賀沼集水域の浄化ならびに自然地の保全について，千葉大学環境科学研究報告，11，pp. 13-20．

髙木善正・加藤仁美・川口聡（1999）地域自然環境と共存するまちづくりに関する研究（その15）住民意識における水辺環境評価，日本建築学会大会学術講演梗概集 F-1，都市計画，建築経済・住宅問題，pp. 359-360．

髙山範理・喜多明・香川隆英（2007）生活域の自然環境が身近な森林に対するふれあい活動・管理活動に与える影響，ランドスケープ研究，70（5），pp. 585-590．

柘植隆宏（2001）市民の選好に基づく森林の公益的機能の評価とその政策利用の可能性―選択型実験による実証研究―，環境科学会誌，14（5），pp. 465-476．

宇野和男・上田務・花形泰道（1994）住民意識による水環境の評価に関する研究，松江工業高等専門学校研究紀要理工編，29，pp. 123-141．

鷲田豊明（1999）自然環境の経済評価と保全―吉野川環境評価を事例として―，環境研究，114，pp. 45-54．

山口誠・遠藤弘太郎（1991）住民意識における大気汚染の評価―アンケート調査結果を用いた質的応答モデルによる分析，情報と社会，3，pp. 119-130．

山本佳世子（2002）琵琶湖集水域における住民の水環境保全意識及び行動に関する研究―環境ボランティア団体会員と守山市民との比較―，お茶の水地理，43，pp. 1-15．

山本佳世子（2005）大学生の環境意識と環境保全行動に関する研究，名古屋産業大学論集，7，pp. 89-98．

安野淳・村川三郎・西名大作（1997）出雲平野における伝統的みどり環境の評価，環境の管理，20，pp. 21-24．

柳町晴美・沼尾史久（2007）「諏訪湖環境に関する住民意識調査」全域集計結果の分析，信州大学山地水環境教育研究センター研究報告，5，pp. 1-21．

湯本裕之・倉本宣（2005）都市部ニュータウンにおける竹林の環境保全機能に対する住民の意識，ランドスケープ研究，68（5），pp. 773-778．

第3章 人びとの環境への関心をさぐる

　本書が対象としている環境意識の調査では，人びとの関心の低い環境の属性をいくらたくさん取り上げても，人びとの環境に対する意識を把握することは難しいであろう．一方で，関心が低い属性であっても，意識調査として取り上げられていれば，その属性に人びとはなにがしかの回答をするかもしれない．したがって，そのような属性についても，有意な意識として解析結果が抽出されるだろう．しかし，抽出された意識が一般的にも関心が高いものであると誤って理解したり，本来関心の高い属性であるにもかかわらずたまたま調査で取り上げられなかったために関心がないと判断したりする可能性がある．このようなとき，自由記述形式の質問は有効である．

　第3章では，自由記述形式のアンケートを用いた方法について，その意義と解析手法の概略について述べる（3-1, 3-2節）．具体例としては，森と川・湖に対する人びとのイメージを簡単な言葉で回答してもらい，その言葉を解析して関心の高い属性を選択した例を紹介する（3-3節）．これは，シナリオを用いた環境意識調査におけるプロセス(2)「人びとが重視する主な関心事の把握」に対応するものであり（**図1-8**参照），解析の結果は，第5章でシナリオアンケート設計の際に利用されている．

3-1　選択するか自由に答えるか

　アンケート調査では，あらかじめ回答の選択肢を指定した設問が多く用いられている．たとえば，「日本の環境は良くなってきたと思いますか？」という質問に対して，「そう思う」，「どちらかといえばそう思う」，「どちらかといえばそう思わない」，「そう思わない」という選択肢が用意され，その中から回答

者は自分の考えに最も近いものを選んで○印を付けたりして答えるというものである．この例では，選択肢が4つあるので，4件法と呼ばれる．思うか思わないかの中間的な意見として「どちらともいえない」という選択肢を設ける5件法もよく利用されている．ちなみに，第1章（1-1節(4)）で，人びとが環境の持つさまざまな価値や機能に対する関心の高さを直接尋ねるアンケート（「森林―農地―水系に関する関心事調査」）の結果について解析した例を紹介したが，そこでは4件法が採用されている．この回答形式は，選択肢を選ぶだけでよいので，回答者が迷わずに答えられるため回答率が高くなり，また，調査する側でも解析しやすいという理由でよく用いられている．しかしながら，この形式は，「思う―思わない」や「良い―悪い」といったひとつの評価軸でしか尋ねられないという不便さがあり，複数の評価軸や対象が想定される質問に対しては使うことができない．また，調査者側で設定していない属性については，質問することができない．このような場合，回答者に意見を回答欄に書いてもらう「自由記述形式（あるいは自由回答形式）」の設問が採用されることが多い．回答をデータとして入力したり集計したりする際に，選択肢による質問よりも時間と労力がかかるが，回答された記述内容を解析することで，人びとの多様な意見の幅を把握し，またそれらを一定の手順にしたがって集約することで重要な属性を絞り込むことができる．

3-2　自由記述形式の回答を分析する

　関心の高い属性を絞り込む方法としては，アンケートや聞き取り調査などによって，対象環境について持っている関心事を直接尋ねる方法が最も簡単なものであろう．たとえば，ある川を対象とした場合，「あなたは，○○川の環境について，どのような関心がありますか？」「あなたは，○○川の環境について，どのようなことが気になっていますか？」などである．あるいは，その対象環境でやりたいことを尋ねる方法もあろう．「あなたは，森に行ったら何をしたいですか？」などである．これらは，自由記述型式の設問であり，その分析手法にはさまざまなものが考案されている．調査する側の意図とは異なる回答が多くなって回答データの質が低くなる可能性があるが，人びとの環境に対

する意識を把握するうえで，調査者側の作為・無作為の誘導が影響しない方法をとるべきであろう．これは，意識調査一般にいえることであり，自由記述形式の質問の方が，誘導的度合いが少ないといわれている（林 2006）．ただし，集計にはコーディングなどの技術が求められ，時間と労力が必要である．最近では，文字データを自動処理するソフトウェア（テキストマイニング）が開発されており，自由記述の回答を分析することが比較的簡便にできるようになってきた（たとえば，樋口 2005）．自由記述回答の処理方法は，自動処理ソフトウェアの使用の有無にかかわらず，以下の3項目が必要である（林 2006）．

①調査目的に沿って，分類の基準を設定する．

記述の内容を切り分ける基準は，調査目的によってさまざまである．町の行政への要望を調べる目的で，「○○町のまちづくりについて，あなたのご意見を自由に記入してください．」という質問を例にすれば，「まちづくり」として考えられるさまざまな施策をいくつかのグループに分けて基準を設定することになろう．たとえば，「特産品」，「企業の誘致」，「観光開発」，「道路整備」，「福祉事業」，「教育設備拡充」，などがグループの例である．「特産品」には，梅干しや椎茸，ちりめんじゃこ（しらす）などの農林水産物，オルゴールや液晶モニタなどの工業製品などさまざまなものがあるが，これらを「特産品」としてグループにまとめるというのが分類基準（コーディングルール）である．

②分類基準にしたがって，回答を分類する．

先の「○○町のまちづくり」に関する回答では，梅干しやオルゴールなどその町が誇る産物にかかわる記述はすべて「特産品」によるまちづくりとしてまとめることができる．また，「分類不能」な回答や「その他」として分類（分類群を設定していなかったもの）しなければならないものもあろう．分類基準は，調査の前に作っておけば，調査後の分析を迅速に行うことができるが，基準設定時に予想していない回答が得られることもある．したがって，回答を見ながら分類基準を改訂することも必要となる．また，「特産品」の例でいえば，「農産物」や「工業製品」などに細分化することが有効な場合もあろう．

③分類ごとの件数と比率を求める．

これらの数値は，各分類の重要度の指標である．件数や比率の多い属性を重要度が高いと判断することができる．比率を求める際の母数（総数）は，全回

答者数をとる場合と総件数をとる場合とがある．自由記述形式では，ひとつの回答に複数の内容が含まれている場合がある．このとき，該当する分類に割り当てて，重複して計数するかどうかを決める必要がある．全回答者数を母数とした場合，回答者当たりの平均回答件数を求めることになるが，回答者ごとで回答件数が異なっている場合は，注意が必要である．

　自由記述形式の場合，このような分類には無関係の言葉や文章が含まれていることが多い．「私はこう思うのですが，」とか「絶対に取り上げるべきだと思います．」などの回答者の感想や評価などである．また，ときには質問項目と無関係の文章が記入されている場合もあろう．これらを自動的に判別して削除することは難しいが，テキストマイニングの手法，自動処理ソフトウェアを活用すれば，回答の分類が速やかに行えるであろう．言語学分野で開発されている「形態素解析」という，コンピュータソフトウェアを用いた自然言語処理の技術を用いることができる（たとえば，林2002など）．形態素とは，言語における意味を持つ最小の単位のことであり，名詞や形容詞，動詞といった単語の品詞とは意味が異なるが，それに近いものと考えても差し支えない．この手法を使って，分類基準に適合する用語を記述の中から拾い出すこと，さらにはより高度な統計計算もが可能であり，計量テキスト分析と呼ばれている（川端1999；樋口2005）．また，アンケートの自由記述だけでなく，聞き取り調査の結果や日記などの文章を質的データとして扱い，分類・整理する方法については，「質的データ分析」（佐藤2008）などが参考になる．

3-3　キーワードから人びとの関心を理解する

　自由記述形式の中でも，質問の背景に複雑な要因がなく，回答者が自由に回答できるうえ，負担も少なく，また，コーディングルールによる分類や計数なども簡単にできるのが，簡単な単語（キーワード）を回答してもらう方法である．詳しい内容までは解析できないが，無回答を減らすことができ，誘導の度合いも小さいため，より幅広い回答が得られる可能性がある．

　第1章の図1-8で示したように，環境の変化シナリオを作成する場合，変化予測が必要となる環境の属性（図1-8中央の「主な関心事」に対応）を絞り込む

ために，人びとがその環境に対して関心が高い属性をあらかじめ把握しておくと便利である．

「環境意識プロジェクト」では，シナリオ作成を効率良く行うために，森と川・湖に対するキーワードを収集し，それらを解析することで，人びとの関心の高い環境の属性の抽出を行ったので紹介する．なお，この「キーワード」調査は，第1章（1-1節(4)）で紹介した「森林—農地—水系に関する関心事調査」の中で行ったものである．調査対象者は，前述したように日本全国から層化2段無作為抽出したものである（以下，「全国調査」）が，「シナリオアンケート」が対象環境として設定した朱鞠内湖集水域周辺の北海道雨竜郡幌加内町や名寄市の住民に対しても同じアンケート調査を実施し（以下，「幌加内・名寄調査」），キーワードについて同様の解析を行った．

キーワードの解析は，前述のテキストマイニングを応用して，同種の内容を含むキーワードを集約して計数し，数の多いものほど，人びとの関心が高い属性であると判断した．

キーワードを聴取するための質問は，質問内容に回答が左右されず，また，できるだけ簡単な表現にする必要があった．検討の結果，下記の質問文のように，森，川・湖についてのイメージを短い言葉（キーワード）で表現してもらう自由記述形式とした．

○「あなたは，森という言葉を聞いたとき，どのようなことを思いうかべますか．短いことばで2つまでお答え下さい．」
○「あなたは，川や湖という言葉を聞いたとき，どのようなことを思いうかべますか．短いことばで2つまでお答え下さい．」

森について，2つ回答した人が545人，1つ回答が276人，無回答が65人であった．川・湖については，それぞれ，490人，333人，63人であった．ひとつの回答で複数の内容を含む発言もあったため，森と川・湖それぞれで約1,400個のキーワードが得られた．これらのキーワードを集計することにより，どのようなイメージを人びとが多く持っているかを推定することにした．

(1) キーワードの集計方法について

人びとの環境に対するイメージを表すものとして聴取したキーワードは，回

答者によってさまざまな表現がなされており，集計するためには意味や内容の類似性に着目する必要がある．そこで，類似した自由記述の回答をとりまとめて計数するために，回答内容を着眼点と方向性の組み合わせによって類型化した．着眼点と方向性は，それぞれ言語学における主題（Theme, Topic）と題述（Rheme, Comment）に対応している．主題とは，ある言葉や文章が何についで語っているものなのか，話し手が伝えたいその内容を表す要素である．そして題述とは，主題を展開するために主題に続く部分をさす．主題と題述はあくまでも文章の意味や内容にかかわる要素であり，文章の構文における主語と述語とは必ずしも一致しない．

回答内容を類型化するにあたり，テキストマイニングのソフトウェアであるKH コーダー（KH Coder, 樋口 2005）を活用して自由記述のテキストデータを分析した．手順の概要は以下のとおりである．

①分析に先立って，まず記述されたテキストを形態素に分解する．

②着眼点（主題語）の候補として名詞に分類された形態素を抽出する．

なお，着眼点（つまり名詞）を含まない記述については，森についての質問では「森」を，川・湖についての質問では「川・湖」を着眼点として対処した．日本語では先行する文脈から主題が明らかな場合（Supra Theme），しばしば主題が省略されるという指摘があることから問題ない処理であると考えた．

③方向性（題述）の候補として，キーワードに表れた形容詞，動詞を中心とする形態素を抽出する．

キーワードは②③で抽出された「方向性＋着眼点」のセットで扱うことになる．

④同一の着眼点に対して抽出された方向性を，その同義語・類義語に着目してキーワードを集約し，見出しとなる方向性を設定する．

たとえば，「きれい＋森」と「美しい＋森」は，「きれい＋森」にまとめる．

⑤着眼点の中で，同義語・類義語を集約し，着眼点グループにまとめる．

たとえば，「森」「林」「森林」はひとつのグループ「森・林・森林」として取り扱う．この段階で，「きれい＋森」「きれい＋林」「美しい＋森林」などをひとつにまとめることができる．

⑥以上で設定されたまとまりに対して，見出し語句を与える．

たとえば，「きれい＋森」「美しい＋森」「きれい＋林」「美しい＋森林」に対して，「きれいな森」という見出し語句を与えた．

理想的には，以上の集約のルールをKHコーダーに設定して，もとのキーワードを分類することにより，各見出し語句の出現回数を計数することができる．しかしながら，回答者の発言を形態素に分解しているため，「きれい＋森」が必ずしも「きれいな森」という発言であるとは限らない．「裏の森の紅葉はきれい」という場合もある．この発言は，「きれいな紅葉」あるいは「きれいな植物」という見出し語でも計数される可能性がある．また，「川がきれい」と「川がきれいではない」も「きれいな川」という見出し語句に統合されうるが，一方で「きたない川」という見出し語句もあるとすると，「川がきれいではない」という発言は「きたない川」という見出し語句に統合されるべきであろう．また，一般的には意味が異なるのでまとめられない方向性の語であっても，特定の着眼点の場合はまとめることができる場合もある．たとえば，「きれい」と「すがすがしい」は一般的には異なる意味を持っているが，「空気」という着眼点に対して付属している場合は，「きれいな空気」としてまとめることも不可能ではない．「うまい空気」も同様に扱えるかもしれない．

このように，キーワードの集計においては発言の文脈を重視すべきであるので，いったんキーワードに見出し語句を与えて整理したのちに，文脈を読み取って設定された見出し語句の適切さを確認しなければならず，多数のキーワードを処理するには時間がかかる．しかしながら，回答を入力しただけのデータ上では，入力順にランダムに並んでいるキーワードに対してひとつずつ見出し語句を設定することはきわめて困難である．KHコーダーを応用した上記の方法は，仮の見出し語句の設定までは自動的に行うことができ，類似したキーワードを並べ替えることで，元のキーワードの意味の異同判別が容易になった．

集約のルールは一義的に決める必要はない．細かく分類しなければならないこともあれば，広義に意味をとってまとめてしまった方がよい場合もあろう．目的に沿って，分類の細かさを決めればよい．また，具体的な集約作業では，着眼点候補の中で発言回数が上位のものに限って作業を進め，手順の間を往復するなどの検討作業と平行しながら行うなど，時間短縮を図ることができる．

(2) キーワードの集計

先に述べたキーワードの集計方法にしたがって，森と川・湖のキーワードを集計した．

1) 森のキーワード

「全国調査」

全国調査で得られた森に関するキーワード全1,443（原キーワード数は1,367）に対して，最終的に設定された85個の「見出し語句」で1,410個のキーワードがカバーされた（97.7％）．

以下に，全キーワードに対して2％以上の寄与（29件以上）を占める見出し語句だけを取り出した．『　』で示したものは，いくつかの見出し語句をまとめたものであるが，その中には，出現頻度が2％に満たないものも数え上げている．

「自然」101
「山のイメージ」40
『豊かな森』57（「生物がいる」18，「森は大切」15，「豊かな自然」14，「人間（生活）にとって必要」5，「生物の宝庫」3，「森はみなもと」2）
『鳥の生息する森』57（「鳥がいる森」36，「鳥の声」12，「鳥が多い」7，「鳥が飛ぶ」2）
『昆虫の生息する森』53（「昆虫がいる」46，「昆虫が多い」7）
『動物が生息する森』53（「動物がいる」32，「動物のすみか」14，「動物が多い」4，「野生動物」2，「動物の鳴き声」1）
『植物・木のある森』252（「植物・緑がある」86，「木がある」66，「木が多い」61，「木が茂っている」21，「植物・緑が多い」18）
『空気の浄化機能』152（「空気がきれい」63，「空気がいい」29，「空気がおいしい」19，「森の空気」16，「マイナスイオンがある」11，「空気を浄化する」9，「木のにおい」5）
「憩いの場」65
『情動的評価』123（「静か」29，「気持ちいい」20，「さわやかな森」19，「涼しい」

15，「きれいな森」13，「緑がきれい」11，「環境がよい」7，「森の物語」3，「森がすき」2，「森はよい」2，「おだやかな森」2）
『レクリエーションの場』219（「ドングリや山の幸の採取」71，「森林浴」62，「森で遊ぶ・遊びの場」28，「子供の遊び場」17，「動物の採取」9，「散歩」8，「登山・ハイキング」7，「キャンプ」3，「木登り」3，「落ち葉拾い」2，「その他」9）

なお，ここで計数されたキーワード数は，1,172で全体（1,443）の81.2%であった．
以上から，森のキーワードから重要と考えられる「環境の属性」として，
① ［遊びの場を提供する森］（『レクリエーションの場』）
② ［空気浄化機能のある森］（『空気の浄化機能』）
③ ［快い情感の得られる景観］（「憩いの場」，『情動的評価』）
④ ［豊かな森］（『豊かな森』，『植物・木のある森』，【生物の住む森】）
⑤ ［動物の棲める森］（『昆虫の棲息する森』，『動物が棲息する森』）
以上の5つを選択した．

「幌加内・名寄調査」
　幌加内・名寄調査では，74のキーワードが得られ，36の見出し語句で55キーワードがカバーされた（データの記載は省略する）．
　幌加内町・名寄市住民から得た森のキーワードから重要と考えられる「環境の属性」として，
③ ［快い情感の得られる景観］
④ ［豊かな森］
⑤ ［動物の棲める森］
⑥ ［山の幸がとれる森］
以上の4つを選択した．丸囲み番号は，全国調査と共通するものはそのまま使った．⑥は，全国調査での①［遊びの場を提供する森］のなかに含めることができるものであるが，森林浴や遊びの場に関するキーワードがほとんど見られなかったので，独立させている．

2）川・湖のキーワード

「全国調査」

　全国調査で得られた川・湖に関するキーワード全1,381（原キーワード数は1,307）に対して，最終的に設定された74個の「見出し語句」で1,353個のキーワードがカバーされた（98.0%）．全キーワードに対して2％以上の寄与（27件以上）を占める見出し語句だけを取り上げると以下のとおりである．

「自然」35
『きたない川・湖』104（「きたない」76, 「きたない川」23, 「きたない水」5）
『きれいな川・湖』145（「きれい」53, 「きれいな水」37, 「きれいな川」22, 「きれいな湖」4, 「きれいな上流」29）
『魚の棲む川・湖』188（「魚がいる」170, 「魚が泳いでいる」12, 「魚が多い」6）
『生物の棲む川・湖』61（「生物がいる」17, 「生物のすみか」7, 「昆虫がいる」6, 「貝がいる」4, 「ザリガニなどがいる」9, 「鳥がいる」10, 「鳥の声」2, 「植物がある」6）
『資源供給の場』32（「水資源」15, 「生活用水」17）
「憩いの場」55
『情動的評価』57（「景色がいい」9, 「空気がきれい」4, 「涼しい」15, 「静か」8, 「気持ちがいい」7, 「懐かしい・思い出」6, 「子供の頃の思い出」4, 「楽しい」4）
「魚釣り・採集」192
『レクリエーションの場』272（「水遊び」83, 「水泳」64, 「遊ぶ・遊び場」61, 「ボート遊び」30, 「キャンプ」8, 「バーベキュー」8, 「散歩」3, 「その他」15）

　なお，ここで計数されたキーワード数は，1,141で全体の82.6%であった．
　以上から，川・湖のキーワードから重要と考えられる「環境の属性」として，
　　①［水泳や水遊びのできる川・湖］（『レクリエーションの場』）
　　②［快い情感の得られる景観］（「憩いの場」, 『情動的評価』）
　　③［釣りのできる川・湖］（「魚釣り・採集」）

④［魚の棲む川・湖］（『魚の棲む川・湖』）

以上の4つを選択した．「きれい川・湖」「きたない川・湖」が相当な数を占めており，これらをまとめて［水質］としてもよいであろう．しかしながら，水質は，①～④すべてに条件としてかかわる環境の属性であるので，ここでは取り上げないことにした．いずれにしても，川・湖に関するイメージとして，水質にかかわるキーワードがほとんどであることがわかる．

「幌加内・名寄調査」

幌加内・名寄調査では，69のキーワードが得られ，35の見出し語句で57キーワードがカバーされた（データの記載は省略する）．幌加内町・名寄市住民から得た川・湖のキーワードから重要と考えられる「環境の属性」として，
② ［快い情感の得られる景観］
④ ［魚の棲む川・湖］
⑤ ［人為的環境変化］（全国調査ではこれに関するキーワードは全体の1.5%程度）

以上の3つが選択された．丸囲み番号は，全国調査と共通するものはそのまま使った．⑤は，具体的には「ダム」であり，全体の17.4%を占めていた．

3）キーワードの集計結果

森と川・湖のキーワードを集約した結果を**表3-1**にまとめた．

表3-1　集約された森と川・湖に関するキーワード

森のキーワード
① ［遊びの場を提供する森］
② ［空気浄化機能のある森］
③ ［快い情感の得られる景観］，
④ ［豊かな森］
⑤ ［動物の棲める森］

川・湖のキーワード
① ［水泳や水遊びのできる川・湖］
② ［快い情感の得られる景観］
③ ［釣りのできる川・湖］
④ ［魚の棲む川・湖］

全国と幌加内・名寄とで若干の違いはあったが，全国調査の結果は幌加内・名寄をほぼカバーしており，全国調査の結果として得られた9個のキーワードを「シナリオアンケート」で取り扱う「環境の属性」の候補として選定することができた．実際の「シナリオアンケート」では，さらに絞り込みが必要であったが，それについては，第5章で述べることにする．

(3) キーワードの解析から見える環境への関心
　森に対して人びとが抱いているイメージとしては，植物や木が多い場所というのは当然としても，遊びやレクリエーションの場が一番多かった．空気の浄化機能に関するキーワードも多く，森林浴などのレクリエーションとつながっていると思われる．一方，木材や燃料といった資源を供給する場というイメージを持つ人は少ないことがわかる．森林に，間接利用価値や生態系機能を期待する人が多いことがわかる．これは，森林の価値・機能間での関心の高さの違い（表1-1参照）と整合性があったが，自由記述形式のキーワード調査では，間接利用価値の中でも空気の浄化機能への関心が高いということが示唆された．
　幌加内町・名寄市の住民の場合は，得られたキーワード数が全国の20分の1と少ないため，比較することは容易ではないが，全国調査と大きく異なるのは，空気の浄化機能に関わる記述がまったくなかったことである．また，昆虫，鳥，山，森林浴，憩いの場，レクリエーションに関するキーワードも極端に少なかった．幌加内町や名寄市は，周辺が森林に囲まれており，ことさら空気の良さを森に対してイメージすることがないのかもしれない．幌加内町の住民への聞き取り調査でも，「森や身近な自然に関して，ここが良いと思っているものはありますか」という問いに対して，身近にあるものなので改めて聞かれても何も具体的に思い浮かぶことがないという反応がしばしば見られた．これらのことから，森の価値・機能の中で，空気浄化機能やレクリエーションの場といったものがこの地域の住民には認識されていないというわけではなく，当たり前のこととして日常生活に組み込まれているととらえるべきかもしれない．森林が身近にある住民と身近にはない住民を区別する意識調査を設計すれば，より明らかになるであろう．
　川や湖に対して人びとが抱いているイメージとしては，釣りや水遊びなどの

レクリエーションに関するもの一番多かった．水質に関しては，「きれい」と「きたない」という正反対のイメージがほぼ同数見られた．居住地周辺にある川や湖の状況を反映しているのかもしれないが，居住地に関する情報がないためその判定はつかなかった．直接利用にかかわる水資源についてのキーワードはわずか（全体の2.3％）であった．したがって，川や湖に対しても，森林と同じように間接利用価値を期待する人が多いことがわかった．しかし，これは，川・湖の価値・機能間での関心の高さの違い（表1-1参照）とはまったく異なる結果である．すなわち，価値や機能に関する属性を挙げて関心を尋ねた場合には，直接利用価値への関心が高く，自由記述形式で川や湖のイメージを尋ねた場合には，間接利用価値への関心が高いことが示唆された．イメージとしては，魚釣りや水泳を思い浮かべるが，価値としては水資源を重要視しているということかもしれない．森林の場合と異なる意識があるのかもしれないが，アンケート調査ではこれ以上の解析は困難である．

　幌加内町・名寄市の住民の場合は，森林と同じく得られたキーワード数が全国の20分の1と少ないため，比較することは容易ではないが，全国調査と大きく異なるのは，水遊びや水泳に関する発言がまったくなかったことである．地理的に水泳等に向かない（寒い）ということがあるのだろう．また，きたないという発言は少なかったが，ダムという発言が割合として最も高かった（全体の17.4％）．これは，朱鞠内湖が人造湖（雨竜第1ダム）であることから，周辺住民のイメージとして「ダム」が強く印象づけられているためと考えられる．全国調査と比べると，釣りなどレクリエーションの場に関するキーワードの出現頻度が低かったが，イトウが棲息する場所として有名であり，また，冬のワカサギ釣りも盛んである．周辺住民にとっては，川や湖は身近にあるものの日常の生活からは距離があり，魚釣りなどのレクリエーションは，遠方からの観光客にとって重要なのかもしれない．

　以上，キーワードという簡単な自由記述形式の回答をテキストマイニングの手法を応用して比較的簡便に集約することで，環境への関心を抽出することができた．関心が高いと思われる属性が，選択肢指定型の調査結果と整合性のある場合とない場合があったが，その理由の追及は大変興味のあることである．また，森林の空気浄化機能の場合のように，選択肢指定型では想定されていな

かった属性の重要性が示唆されるなど，自由記述形式の設問が人びとの環境意識をさぐるうえで有効な手段であるといえよう．

(松川太一・吉岡崇仁)

引用文献
林英夫 (2006) 郵送調査法 (増補版), 関西大学出版部.
林俊克 (2002) Excelで学ぶテキストマイニング, オーム社.
樋口耕一 (2005) 計量テキスト分析の方法と実践, 大阪大学大学院人間科学研究科博士論文. (KHコーダーの入手先 URL, http://khc. sourceforge. net/)
川端亮 (1999) 非定型データのコーディング・システムとその利用, 文部科学省科学研究費補助金 (基盤研究A, 課題番号08551003) 研究成果報告書.
栗山浩一・庄子康編 (2005) 環境と観光の経済評価：国立公園の維持と管理, 勁草書房.
松川太一・吉岡崇仁・鄭躍軍 (2009) 森林―農地―水系に関する関心事調査, 社会と調査, 3, pp.59-64.
佐藤郁哉 (2008) 質的データ分析法 原理・方法・実践, 新曜社.
総合地球環境学研究所環境意識プロジェクト (2009) 流域環境の質と環境意識の関係解明―土地・水資源利用に伴う環境変化を契機として―報告書.
総合地球環境学研究所研究プロジェクト「流域環境の質と環境意識の関係解明」(環境意識プロジェクト) 編 (2008) 環境についての関心事調査 (ISBN: 978-4-902325-27-0).
Swedberg, R. (2005) Can there be a sociological concept of interest? Theory and Society, 34, pp. 359-390.

第4章 環境変動を予測しシナリオ群を作成する

4-1 環境意識調査の設計における自然科学的知見の利用

　この章では，環境意識調査を行う際に対象者に提示するシナリオの作成過程について述べる．シナリオとは環境に対するインパクトの種類や規模と，それによって生じた複数の環境属性の変化とを組み合わせ，その対応関係を示したものである．インパクトの種類や規模を変えることによって環境属性の変化の規模も変化し，多様なシナリオが作成される．ここで作成される複数のシナリオは実際に調査で使用するシナリオの候補となるものであり，ここから取捨選択されたものが調査で使用される．したがって，この章で示されるシナリオ候補をここではシナリオ群と呼ぶ．

　シナリオ作成は，自然科学研究の成果などを用いた客観的な手法と，作成者の過去の経験などをもとに主観的な手法で作成する場合とに大別される．後者の場合，対象地域で問題となりうる環境変動を直接取り扱うことが可能になる．また専門的・科学的な知識が乏しくてもシナリオを作成できるという利点がある．一方で，想定する環境変動の属性や規模は恣意的に決定される可能性が高い．これに対し，自然科学的知見を用いたシナリオ作成においては，必要に応じて科学者・専門家の協力を得なければならないが，対象環境の現実性を反映できるという利点がある．すなわち，シナリオの作成には必ずしも自然科学的知見を必要とはしないが，環境意識調査において，現実に起こりえないような環境変動予測を提示することは推奨されない．したがって，ここでは何らかの自然科学の知見や手法を用いた方法を中心に紹介する．特に，対象とする自然環境に何らかの改変があった場合，その環境が将来的にどのように変化するか

を予測する手法として，シミュレーションモデルを用いた方法を紹介する．

具体例として，前章で示された関心事アンケート・キーワードアンケートの解析結果をもとに，対象環境に与えるインパクトに対する環境変動を予測するシミュレーションモデル（環境変動予測モデル）を構築する．さらに，インパクトの規模を決定し，実際の計算結果を基にシナリオアンケート作成の基礎となるシナリオ群を構築する．同時に，この過程における問題点と課題を示す．

4-2 シミュレーションモデルを用いた環境変動の予測

この章で扱うシナリオ群の作成とは，「対象とする自然環境に何らかのインパクトがあった場合，その結果として環境はどう変動するか」というパターンを示すことである．このとき考慮すべき点として，対象とする空間スケール（地球規模か，個別の開発事業などの地域規模か），インパクトの原因（自然現象か，人為的インパクトか），インパクトの規模，影響を考える時間スケール（数日後か，数十年後か），など多岐にわたる．

自然科学的手法を用いたシナリオ群の作成においては，対象とする環境の過去・現在・未来を記述する必要がある．すなわち，対象環境が過去から現在にかけてどのような土地利用や植生の変遷を経てきたかを知ることと，将来的にどう変化するかを予測することが求められる．自然環境の状態やその変動は気象・気候条件，植生・土地利用条件，地質・地形などの地球化学的条件，さらには人為的条件や経済的要因などの複雑な相互作用で決まっている．現在の状況を調べるには「現地調査」が有効な手段であり，実際に環境アセスメントなど，具体的な開発計画を進める前段階の調査として頻繁に行われている．しかし，自然システムのメカニズムはあまりに複雑で，特に，過去の状況を再現し，未来の変化を予測するには，その地点での現地調査だけでは不可能である．過去の状況の再現は，その地点で過去から継続的に現地調査が行われていればある程度可能であるが，通常そのような調査が行われている地点はまれである．しかし，ある程度の精度で未来の予測を行うには，現地調査の結果に基づく推測だけでは根拠に乏しい．また，対象環境に対して，実際にインパクトを与え，その後の経過を必要な期間にわたって観測するというような手法（原位置実験

などと呼ばれる）をとることは通常難しい．そこでこれを補完する手法として，物理法則に基づいた自然環境システムを模倣する「数値シミュレーションモデル」が力を発揮することになる．「数値シミュレーションモデル」では，コンピュータ上に対象環境を仮想的に設定し，将来の条件（たとえば気象条件など）を与えることによって，その環境の未来の状況を予測する．さらに，仮想環境に対してさまざまな仮想インパクトを与え，着目する環境属性がどのように変動するかを計算することが可能になる．

これらの「現地調査」と「数値シミュレーションモデル」の活用の最も身近な事例は日々の天気予報であろう．天気予報では，世界各地のさまざまな地点で観測された降水量や風速などを収集・解析し，物理法則に基づいて未来の状況を予測する．この予測結果はさらに未来の状況の予測に用いられ，この繰り返しにより明日の天気や週間天気，さらには長期予報を計算する．ここに過去同じような状況でその地点の天気がどうであったかという経験則などをあわせて，よりきめの細かい予報となる（天気予報ができるまで，仙台管区気象台；http://www.sendai-jma.go.jp/wadai/howtoforcast/makeforcast.html）．

環境変動シナリオの一例として，温室効果ガスの濃度上昇に伴う地球温暖化とその影響について示す．「温室効果ガス濃度が上昇した結果，地球が温暖化し，海面が上昇する」というのもひとつのシナリオである．しかし，これを環境意識調査で用いるシナリオとするには具体的な状況が示されておらず，このままでは利用しにくい．一方，IPCC（気候変動に関する政府間パネル；http://www.ipcc.ch/）の第4次評価報告書（IPCC第4次評価報告書について，環境省；http://www.env.go.jp/earth/ipcc/4threp.html）などに示されている温暖化予測結果は，各種の数値シミュレーションモデルの結果による．実際に，IPCCでは将来の世界のシナリオについて，「経済優先」か「環境に配慮」か，「国際化が進む」か「地域ごとに多様な発展をする」かなどの方向性を設定し，それらの組み合わせから代表的な6つのシナリオを想定し，それぞれについて温暖化予測を行っている（江守2008）．シミュレーションの設定条件（たとえば二酸化炭素濃度の上昇率の設定など）によって，予測結果には変動幅が生じるが，これらのモデルを用いることで「温室効果ガス濃度が10年にX ppmの割合で上昇した結果，2050年の地球の平均気温がY°C上昇し，日本周辺の海面がZm上

昇する」というような具体的なシナリオが構築される．さらに，その海面上昇の結果もたらされる災害リスクや経済的損失なども別のシミュレーションによって予測されることが多い．

　数値シミュレーションモデルによる予測は，国や地域単位でも盛んに用いられている．たとえば，アメリカ陸軍工兵隊水文工学センターによって開発された河川水理計算モデル（HEC: The Hydrologic Engineering Center, US Army Corps of Engineers; http://www.hec.usace.army.mil/）は，アメリカ各地での河川の水資源管理計画や河川氾濫予測，灌漑用水の分配など複雑な水環境・水循環問題をシミュレーションするために用いられている．同様に，デンマークのMIKE11，イギリスのInfoworksなどの河川水理計算モデルも，河川環境の保全や再生を目的とした大規模自然再生事業で多く用いられている．河川水理学に関する専門知識やモデルの詳細の理解には水理学や流体力学等の知識が必要となる．一方で，これらのモデルはソフトウェアとして開発・市販されているものもあり，研究者や技術者などの専門家のみならず，NPOなどでもある程度の利用が可能で，さまざまな事例で用いられている．たとえば洪水被害による保険料の算定を行うためにこれらのモデルを用いている例もある．

　わが国においても，地方自治体レベルでシミュレーションモデルを用いた流域管理が行われようとしている．滋賀県では全国に先駆けて水政課琵琶湖環境政策室と琵琶湖・環境科学研究センター総合解析室が中心となり，大学や環境コンサルタントと共同開発した琵琶湖流域統合管理モデル（LBIM: Lake Biwa Basin Integrated Management Model）を用いている（「琵琶湖流域統合管理モデル」の構築について，滋賀県；http://www.pref.shiga.jp/d/biwako/kanri model/index.html）．LBIMは琵琶湖流域を一体としてとらえたモデルであり，陸域モデル・湖内流動モデル・湖内生態系モデルから構成される．琵琶湖を取り巻く流域環境の全容を把握し，下水道整備，河川水質浄化事業などの施策の展開に伴う琵琶湖や地域ごとの水量・水質の変化を精度良く予測することで施策の効果を評価し，より効果的な施策を展開するために開発された．県や関係機関の持つデータを集約してデータベース化し，モデルの運用・管理を県が行うことにより，結果を効果的に施策に反映できると期待されている．

　地域の開発計画に伴う環境アセスメントなどでは，シミュレーションモデル

を用いた予測とともに現地調査がよく用いられる．しかし，環境アセスメントなどで行われるこれらのシミュレーションや現地調査の結果は，環境意識調査を行うシナリオの作成に用いられるわけではなく，開発に伴って近い将来実際に発生する可能性の高い環境影響を予測することになるため，予測項目の選定と予測結果の解釈には十分な客観性・透明性が確保されている必要がある．

4-3 シミュレーションモデルの構築と実行

　ここで改めて「モデルとは何か？」について述べる．先ほどからたびたびふれている「数値シミュレーションモデル」とは，「自然界で起こる現象を物理の法則で定式化し，コンピュータ上でその環境や現象を再現できるようにした仕組み」のことで，単に「シミュレーションモデル」とも呼ばれる．シミュレーションモデルは大まかには「物理現象を表現した方程式」と，その方程式の係数に当たる「パラメータ」，さらに，この方程式に代入される「インプットデータ」，計算結果である「アウトプットデータ」から構成される．たとえば，「雨が降ったときの河川流量の変化を予測するモデル」を例に挙げる．まず，「雨が地面にしみこみ，土中を通って川に流れ出す」という関係性を表す方程式がこのモデルの骨格である．ただし，「どの程度の量の水が土中にしみこむか」「流出するまでにどのくらいの時間がかかるか」などの条件は場所や季節によって変化する．このような条件に合わせて調整されるのがパラメータである．そして，雨量の時間変化をインプットデータとしてモデルに与えることで，アウトプットデータである河川流量が計算される．本書で取り扱うような何らかのインパクトに対する自然環境の変動を予測するモデルでは，インパクトをインプットデータあるいはパラメータの変化として取り扱うことで計算結果に反映させる．

　設定された対象環境においてシミュレーションモデルを適用する場合，予算・時間・人員的制約がなければ，その環境での詳細な観測結果に基づいたシミュレーションモデルを独自に構築する方が予測精度は高い．このとき対象環境における方程式の構築・最適なパラメータの探索・インプットデータの取得を行うことになる．しかし実際にはこれらの制約は大きい．たとえば先に述べ

た天気予報や地球温暖化予測の例では，世界各地の長期にわたる観測データが用いられており，また計算の実行にはスーパーコンピュータが必要となるなど，モデル計算の実行環境なども制約条件となる．対象環境の空間スケールが小規模であればここまでの制約は受けないが，モデルの構築には高度な専門的知識が必要であり，また予測したいすべての事象に対応可能なモデルを作ることは非常に困難である．さらに，このように特定の対象環境でのみ適用可能なモデルには汎用性が乏しいという欠点がある．

したがって多くの場合，対象環境と類似した環境で構築された既存のシミュレーションモデルを用いる．この場合，後述する事例のように森林・河川・湖沼などの環境ごとにモデルを選択し，それらを組み合わせて用いることも多い．この方法では使用目的や対象環境に応じて複数のモデルを取捨選択できるため，汎用性が高く，コストもあまりかからない．たとえば上述のアメリカ陸軍工兵隊水文工学センターが開発した河川水理計算モデル HEC などのように，無料で公開されているモデルも数多い．また，独自にモデルを構築するほどの専門知識は必要としない．一方で欠点として，対象環境の条件をそのモデルに十分に反映できない場合は，予測精度が低下すると考えられる．予測精度を向上させる対処法として，先に述べた地球温暖化予測のように，複数のモデルを並列で用い，予測結果の変動幅を明らかにするという手法がとられることもある．また，この場合でも予測結果がどの程度現実性を持つかを自然科学的に検証する作業は必要である．以下，既存のシミュレーションモデルを組み合わせて予測した結果からシナリオ群を作成する手法について述べる．

まず，実際の環境意識調査で対象とする環境や想定するインパクトなどを十分に考慮したうえで，用いるシミュレーションモデルの選択を行う．対象環境の土地利用形態や，シナリオ群作成で必要とされる環境属性の予測項目によって選択されるモデルは異なる．また，複数のモデルを連結する必要が生じることもある．このとき，たとえば 2 つのモデルを連結する場合，一方のモデルのアウトプットが他方のモデルのインプットとなるが，それぞれのモデルが想定している空間スケールや時間分解能，あるいは出力される数値の単位などが異なることがある．このような場合，一方のモデルを他方のモデルに合わせるように改良する，前者のモデルのアウトプットを手動で編集する，などの手段に

よってこれらを修正する必要がある．モデルの設計図に相当するプログラムのソースコードが公開されており，編集可能であるなら，2つのモデルをソースコード上で連結するとともにこれらの修正を行うことも可能である．しかし実際にはソースコードが公開されていないことや使用されているコンピュータ言語が異なるなどの問題もあるため，モデル計算を実行するオペレータが手動でデータの受け渡しを行う方が簡易であることも考えられる．

　モデルの実行に必要なインプットデータの入手と，対象環境の条件を示すモデルパラメータ値の決定には現地での観測結果を利用できることが望ましい．このような観測結果を利用できない場合，たとえばインプットとなる気象データは日本国内であれば気象庁が公開している近隣のアメダスデータなどを利用することが可能である．またモデルパラメータの決定は，対象環境と気候や植生などの条件が似ている地域での事例を参考にすることが多い．これらのインプットデータやパラメータ値を用い，実際にモデル計算を実行し，正常に計算が行われているかを確認する．これはモデルのバリデーション（有効化）作業と呼ばれるものであり，対象環境の現在の状況を正しく計算できているか，などで検証を行う．

　モデルの準備が整い，計算を実行するにあたって，環境へのインパクトの規模を決定する．「どのくらいの規模のインパクトを与えると，どのくらいの変動が起こるのか」という対応関係を明らかにするために，極端な条件を与えた場合での試行を行う．これはモデルの感度分析と呼ばれる作業である．次に，これらの計算結果を基に，対象環境で現実的に考えられる条件の範囲内で計算を試行し，計算結果の変動幅を確認する．これらの作業を経て，想定する環境意識調査を行ううえでそのモデルが適用できるかを最終的に判断し，対象環境で実行可能な範囲内で決定されたインパクトの規模と計算結果の組み合わせからシナリオ群を作成する．

4-4　シミュレーションモデルを用いない環境変動の予測

　シミュレーションモデル構築やモデルの実行に必要なインプットデータの入手と，対象環境の条件を示すモデルパラメータ値の決定にはさまざまなコスト

がかかる．またシナリオ作成に十分な時間や予算をかけられない場合もあるだろう．さらにはある環境属性に関して現地観測を行うにもそのノウハウの取得や，観測そのものに時間がかかるなどの課題がある．そういった場合，必ずしも精密なシミュレーションモデルを構築しなくても，既存の自然科学研究の成果などを用いて，環境変動を客観的に予測することができると都合が良いだろう．ここではシミュレーションモデルを用いない予測についていくつか紹介する．

予測したい項目がたとえば森林伐採後の河川の水質変化だとした場合，試験的に伐採を行った流域での水質データを，伐採を行っていない流域の水質データとを単純に比較するだけでも，どの程度水質が変化するか予測することができる．現実には，森林伐採の影響は気候や植生，土壌や地質などの違いによって異なる可能性があり，どの程度水質が変化するかを完全に予測することは困難であるが，たとえば既存の科学研究論文や専門家の意見を参考に，「伐採後に硝酸態窒素濃度が上昇するだろう」という「予測」をすることは可能である．森林伐採を行う森林の気候や植生，土壌や地質などを考慮し，より条件の近いところでの研究成果をうまく活用することで予測精度は向上する．

また林業の現場においては，木材の収穫量を予測する経験的なモデルが国や地方公共団体の試験場などによって作成され利用されている．収穫量の予測は土地によって立地条件が異なると大きく変化する．そこで，林齢40年の林分の平均樹高が立地条件を表す指標として用いられている．この指標は地位指数と呼ばれる．一般に，樹高成長は本数密度（単位面積当たりの樹木の本数）の影響を受けないため，40年間の樹高成長量は土壌条件の肥沃度を反映するとみなしている．さまざまな森林でとられたデータを用いて，地位指数と樹高成長曲線との関係や，樹木の本数密度と材積の関係などを明らかにし，それぞれの立地条件における森林の収穫量予測モデルが作られ，現場においてモデルを用いた収穫量の予測がなされている．

さらに簡略化した予測として，実データに基づかないまでも，シナリオ作成者の知識や過去の経験などを元に主観的な予測を行う手法も挙げられる．これまでも事業を行う是非を決定する際に，その判断材料として，有識者会議という形で科学者が科学的な知見をふまえたうえで意見を提示してきたのがこれに

あたる．しかし，有識者個人個人の判断は，個人的な見解であり，科学者コミュニティーの総意でない可能性もあり，注意が必要である．

4-5 シナリオ群の作成

　環境意識調査で用いられるシナリオの決定に際し，いくつのシナリオが必要かは意識調査の解析手法に依存する．より多くのシナリオを必要とする調査の場合，シナリオ群の作成の段階でさらに多くのシナリオ候補を提示しなければならないことは自明である．シミュレーションモデルの計算結果だけで十分な個数のシナリオ群を作成することは難しい．またそのモデルでは予測できない項目についてのシナリオを要求されることもある．このような場合は現地調査の結果や，対象環境と類似する地域での事例などを引用してシナリオ候補を作成することもある．この場合は，シミュレーションの結果と同程度の客観性や予測の精度をどのようにして確保するかが大きな問題となる．

　シミュレーション結果が出揃った時点でシナリオ群の作成にとりかかる．通常，シミュレーションモデルの計算結果は自然科学的な数値であり，このままではシナリオにならない．計算結果を意識調査の対象者が理解できるように変換する必要がある．たとえば，河川水質を予測するモデルを用いて「対象地域で$5km^2$の森林伐採を想定したときに，伐採前の河川の硝酸態窒素濃度が1ppmであったものが，伐採3年後に5倍になった」としよう．この結果をそのまま示しても，多くの場合調査対象者の理解が得られないであろう．ここで問題となるのは，(1)硝酸態窒素とはどういう物質か，(2)現状の1ppmという濃度にどのような意味があり，現状の環境の状態はどうなのか，(3)濃度が5倍になることは何に対してどのような影響をもたらすのか，などを明確に説明することであろう．特に数値データをシナリオ化する上では(2)と(3)の説明が重要である．同時に，この事例のように「$5km^2$の森林伐採」と「硝酸態窒素濃度が5倍になった」ことの対応だけでなく，それに付随して起こる変化，たとえば森林景観の変化などもシナリオ群作成において考慮する可能性もある．このような場合はひとつのインパクトが複数の変化をもたらすことになり，計算結果の解釈とシナリオ候補への変換をより慎重に行わなければならない．特に注意

するべき点はシナリオ候補へ変換し文章を作成する時点で作成者の選好が現れないようにすることである．

4-6 事例：森林―河川―湖沼生態系における環境変動予測モデルの構築と適用

(1) 環境変動予測モデルの構築と適用

　以下では，総合地球環境学研究所環境意識プロジェクトにおいて行ったシナリオ群の作成の事例を示す．対象環境は北海道北部に位置する朱鞠内湖集水域である．朱鞠内湖は北海道幌加内町の雨竜川上流部をダム（雨竜第1ダム）によって堰き止めた人造湖である．集水域は上流部の北海道大学北方生物圏フィールド科学センター雨龍研究林（北緯44度22分，東経142度15分）を中心とする森林域，森林から流出する6河川，およびそれらの河川が流入する朱鞠内湖から構成される生態系である（図4-1）．雨龍研究林の植生はアカエゾマツ，トドマツ，ミズナラ，カンバ類，ハルニレ，シナ，ヤチダモ等が混交している．集水域の総面積は312.6km^{2}である．前章で絞り込まれた環境意識調査で選好を問う属性から，この対象環境における森林伐採というインパクトに対して，「河川や湖の水質変化」，「植物の量・種類の変化」，「森林景観の変化」，「濁水の発生」，「レクリエーション利用への影響」，の5つにかかわるシナリオ群を提示する必要があった．このうち，「河川や湖の水質変化」と「植物の量・種類の変化」，「森林景観の変化」についてはシミュレーションモデルを構築し，主にその計算結果を用いてシナリオ群を作成した．朱鞠内湖に流入する河川のうち，赤石川，泥川，ブトカマベツ川の3河川集水域において森林伐採を行うと仮定し，各集水域内の大面積（20km^2）と小面積（4km^2）を対象に，それぞれ皆伐（対象範囲内の樹木を一度にすべて伐採すること）と20％の択伐（対象範囲内の樹木のうち，成熟したものから選択的に伐採すること）を行うという設定にした．すなわち，モデル上では0.8, 4, 20km^{2}の森林を伐採するという設定になる．また，伐採の対象とする樹種の設定は後述する森林生態系物質循環モデルのパラメータ設定の関係で，広葉樹林・針葉樹林・針広混交林の3タイプを想定した．これらの伐採箇所・規模・樹種の違いの組み合わせにより，合計24通

4-6 事例：森林—河川—湖沼生態系における環境変動予測モデルの構築と適用　73

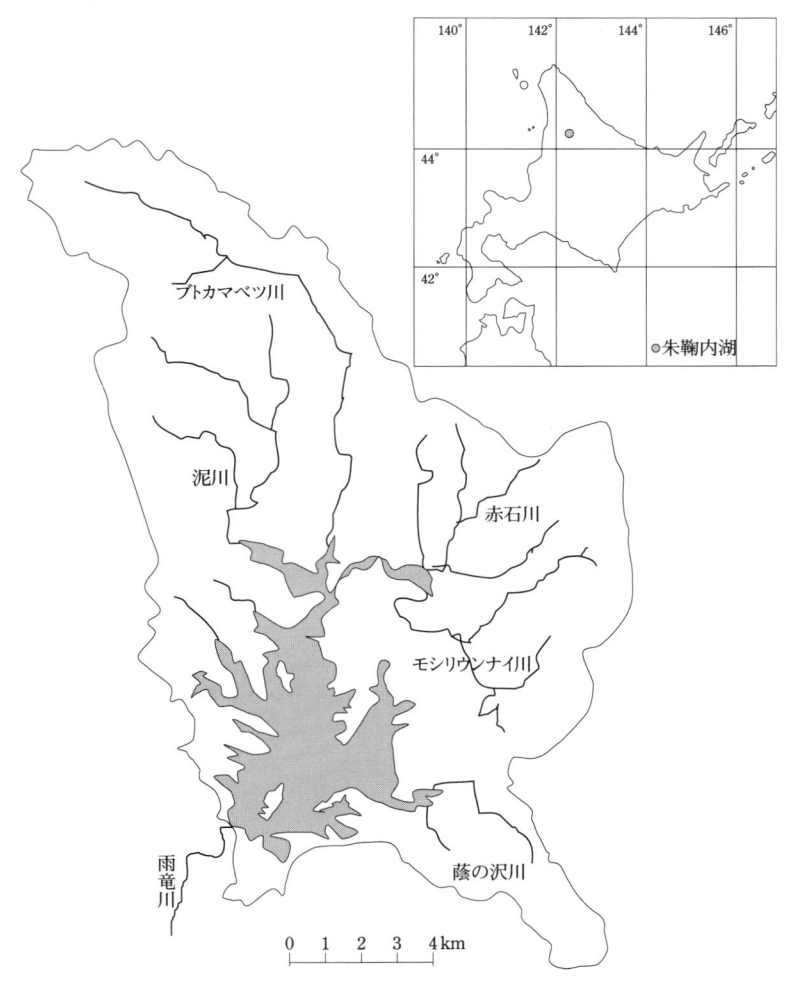

図 4-1　朱鞠内湖（雨竜第 1 ダム）集水域

りの計算を行った．なお，すべての計算において，将来的な気候条件の変動などは考慮しておらず，毎年同じ気象条件を繰り返して与えた．

次に，「河川や湖の水質変化」と「植物の量・種類の変化」の予測に用いたシミュレーションモデルについて述べる．プロジェクトでは，湖での水・物質

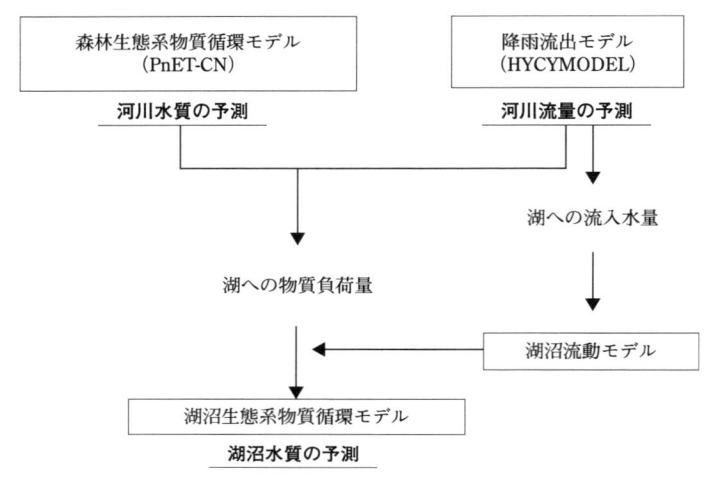

```
                ┌─────────────────────────┐    ┌─────────────────────────┐
                │  森林生態系物質循環モデル  │    │     降雨流出モデル       │
                │       (PnET-CN)          │    │     (HYCYMODEL)         │
                └─────────────────────────┘    └─────────────────────────┘
                       河川水質の予測                    河川流量の予測
```

図4-2　モデルの相互関係

(注)　下線の項目はモデルからのアウトプットデータである．

循環を表現するモデルを除いて，新たに独自のシミュレーションモデルを開発することはせず，既存のモデルを組み合わせて用いるという手法をとった．森林—河川—湖沼からなる対象環境において，森林伐採というインパクトに対する生態系の変化・応答を予測することが可能なモデル群を選択した．このモデル群は森林生態系の物質循環過程と水質を表現する「森林生態系物質循環モデル」，河川流量の変化を表現する「降雨流出モデル」，および湖内での水の流動と物質循環を表現する「湖沼モデル」の3つのモデルを組み合わせた．「河川や湖の水質変化」の計算においては，生態系において重要な栄養塩類であり，下流域の富栄養化などの指標ともなる窒素とリンに着目した計算を行った．本事例で用いたモデルの相互関係を図4-2に示した．

1) 森林生態系物質循環モデル

森林生態系での物質循環過程を表現するモデルとして，PnET-CN モデル (Aber et al. 1997) を用いた．このモデルを選択した理由として，対象環境である北海道は気候や植生が，モデルの開発地である北東アメリカと比較的似てお

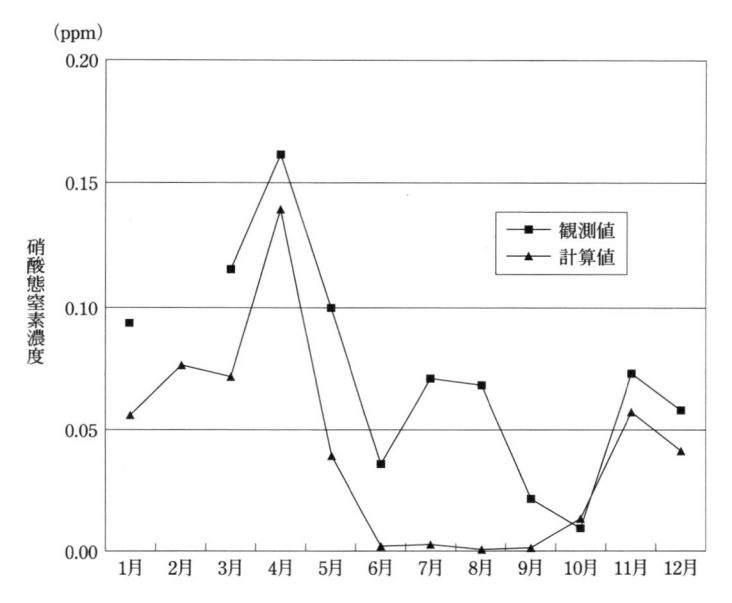

4-6 事例：森林―河川―湖沼生態系における環境変動予測モデルの構築と適用　75

図4-3　硝酸態窒素濃度の観測値と計算値の比較　(Katsuyama et al. 2009を改変)

り利用しやすいということが挙げられる．また他の物質循環のモデルに比べて，森林生態系物質循環に伴う河川水質形成に重点が置かれている（柴田ほか 2006）という特徴がある．さらに，森林伐採というインパクトを明確に表現できる点が本事例の目的に適った．また，PnET-CN モデルはソースコードが公開されており（http://www.pnet.sr.unh.edu/index.html），無料で利用することが可能であることも，手法の汎用性の面から重要であった．これらの理由によりこのモデルを用い，炭素（植物体の現存量や樹木の成長量など）・窒素（河川から流出する無機態窒素）の循環量を計算し，硝酸態窒素濃度の変化から河川水質の変化を表現した．なお，森林生態系における物質循環や河川の水質形成などの詳細なメカニズムについては巻末の用語集とともに森林生態学等の教科書を参照されたい．図4-3に泥川流域における渓流水中の硝酸態窒素濃度の観測値とPnET-CN モデルによる計算値の比較を示した．観測値で見られた夏期の濃度上昇を除いて，おおむね良好に計算されている．なお，夏期の濃度上昇に関

する考察とモデルの改良については Katsuyama et al. (2009) に詳しい．

　また，アウトプット項目のひとつである材積量変化を用いて，森林伐採後の景観変化のシナリオを構築した．この際，対象環境の地形などを考慮した GIS (Geographic Information System; 地理情報システム) を用いて，各集水域での伐採場所や面積を検討し，景観の変化の程度を判断した．たとえば伐採を人々のアクセスが悪い場所で行った場合とアクセスの良い場所で行った場合では景観変化は異なると考えられるため，主要な道路から伐採箇所がどの程度見えるかを検討した．より実情に即した予測を行うには，伐採現場の CG (コンピュータグラフィックス) 画像などを作成し，意識調査においてその画像を提示するという手法も考えられる．

　PnET-CN モデルの計算実行にあたり，インプットデータとなる降水量，気温などの気象観測データは，対象環境に位置する北海道大学雨龍研究林における観測データを用いた．また，樹木の生理特性を表すパラメータはあらかじめモデル上で設定されている，針葉樹・広葉樹のパラメータを用いた．針葉樹純林，広葉樹純林をそれぞれ想定し，伐採前から，皆伐実施後100年間の変化を計算した．河川からの無機態窒素流出負荷量の計算に際して，対象環境である朱鞠内湖に流入する赤石川，泥川，ブトカマベツ川，モシリウンナイ川，蔭の沢川，宇津内湖 (雨竜第2ダム) 集水域，およびその他の部分の各流域を，GIS を用いてそれぞれを数 km² 程度の小流域に区分した．この小流域区分に，土地利用区分を重ね合わせ針葉樹林・広葉樹林の面積を計算した．PnET-CN モデルによる針葉樹林・広葉樹林からの流出濃度の計算結果に，これらの面積比率と後述する降雨流出モデルによる河川流量を掛け合わせることで，各小集水域からの窒素の流出負荷量を計算した．これを河川流域ごとに集計し，各河川から朱鞠内湖への負荷量とした．

　次に，PnET-CN モデル適用における問題点とその対処を記す．このモデルでは計算結果が月単位になる．一方で，湖沼モデルへの水・物質のインプットは日単位以下の時間分解能が細かいデータが求められる．この問題点を解消するために，後述する降雨流出モデルをあわせて用いた．PnET-CN モデルのアウトプットである各月の無機態窒素濃度をもとに，当該月は毎日その濃度であったと仮定した．この濃度に，降雨流出モデルのアウトプットである日流

量を掛け合わせて湖沼に対する日々の負荷量とした．

　対象環境の一部である赤石川流域には農地が含まれているが，PnET-CNモデルでは農地を表現することができず，また湖の物質循環で重要となるリンの流出濃度を予測することができない．よってこれらの表現には現地観測結果を用いた．ただし対象環境は冬期は積雪に覆われ，観測が困難であることから，観測値が存在する夏期の濃度を通年にわたって用い，負荷量は後述する降雨流出モデルの予測結果である流量の変化から表現した．また，森林流域からのリン流出に関しては，伐採がリンの流出に与える影響は小さいとする既往の研究例等を参考に，伐採の影響は特に考慮しなかった．

　これらのモデルと観測結果を組み合わせた手法により，各形態の窒素（硝酸態窒素 NO_3^--N，アンモニア態窒素 NH_4^+-N，溶存態有機窒素 DON，粒子状有機窒素 PON）とリン（リン酸態リン $PO_4^{3-}-P$，溶存態有機リン DOP，粒子状有機リン POP）の負荷量を計算した．これらの形態の違いは，後述する湖沼生態系物質循環モデル内において，プランクトンなどによる利用のされやすさや，それぞれの形態を好んで利用するプランクトンの種類の違いとして影響する．

2）降雨流出モデル

　森林生態系流域に雨や雪が降った後，その水のうちどれだけの量がどのようなタイミングで河川に流出するか，という水循環の現象を表現するモデルを降雨流出モデルという．本事例では，上述した主に PnET-CN モデルによる森林生態系からの月単位の物質流出濃度と，後述の湖沼モデルでの計算に必要とされる日単位の水・物質流入量との格差を埋めるために降雨流出モデルを用いた．また，森林伐採やその後の植生回復に伴う水流出量の変化，農地からの水流出量の予測にも用いた．なお，森林流域における水循環の詳細なメカニズムの詳細については巻末の用語集とともに森林水文学等の教科書を参照されたい．

　降雨流出モデルとしての選択肢は対象環境をひとつの流域として扱う集中型モデルと，ひとつの流域を GIS 等を用いて地形や流出特性に応じて細かく分割された小流域の集合として扱う分布型モデルがある．分布型モデルは，「任意地点の任意時刻における水位・流速」を求めることが可能であり（山下ほか 2006），小流域の合流の時間遅れを表現できるなど，よりきめの細かい計算が

可能なモデルである．しかし，環境変動予測で求められるような年あるいは数十年単位のスケールでの長期予測や，森林伐採の影響などを表現するという目的にはあまり適していないこと，細かい予測ができる分だけ扱いが煩雑なこと，さらには各小流域の計算を行うモデルの構造は集中型モデルと同様であり，流域ごとのパラメータ決定が困難であることを理由に，ここでは集中型モデルであるHYCYMODEL（福嶌・鈴木1986）を用いた．このモデルは日本で開発されたモデルであり，PnET-CNモデルと同様にソースコードが公開されており（塚本1992），無料で利用することが可能である．また，植物の水利用（蒸発散）および流出にかかわるパラメータ決定後は，降水量の連続データのみをインプットデータとして必要とするなど，構造が明確で扱いが容易であるという利点がある．

　HYCYMODELへのインプットデータとなる降水量は，PnET-CNモデルの場合と同様に北海道大学雨龍研究林での観測結果を用いた．ただし，日単位の河川流量を計算するために，ここでは日単位の降水量が必要となる．対象地域の最大の特徴として，冬期の降雪・積雪と，春期の融雪の影響がある．これにより年間の最大流量は融雪期に発生することになるが，冬期の降水量の観測には困難が伴い，たとえば対象環境に位置する雨竜ダムを管理する北海道電力による観測を始め，冬期は観測が行われないことが多い．一方，年間を通じて観測が行われている雨龍研究林では，降雪をその時点で融かして観測するヒーター付雨量計を用いるため，積雪・融雪の時間遅れを表現できない．対象環境で起こる森林から湖沼への水・物質の流入現象を正確に表現するためには，この，積雪・融雪の時間遅れを表現することが必要不可欠であった．そこで，雨龍研究林で観測されているヒーター付雨量計による降雪量と気温のデータを用いて，積雪・融雪の時間遅れを再現した．具体的には，融雪量はその地域の融雪係数と気温によって決定されるという仮定に基づくディグリーディ（Degree-Day）法による融雪量の計算結果によって，ヒーター付雨量計で観測される年間総降水量を配分した．当該地域の融雪係数は小島ほか（1983）を参照した．

　次に，計算に必要なモデルパラメータの決定手順を記す．HYCYMODELでは降水量から植物の蒸発散量を差し引いた量が流域内への貯留と流出に配分される．このモデルの適用にあたって，まず既往の研究例からこの地域の年間

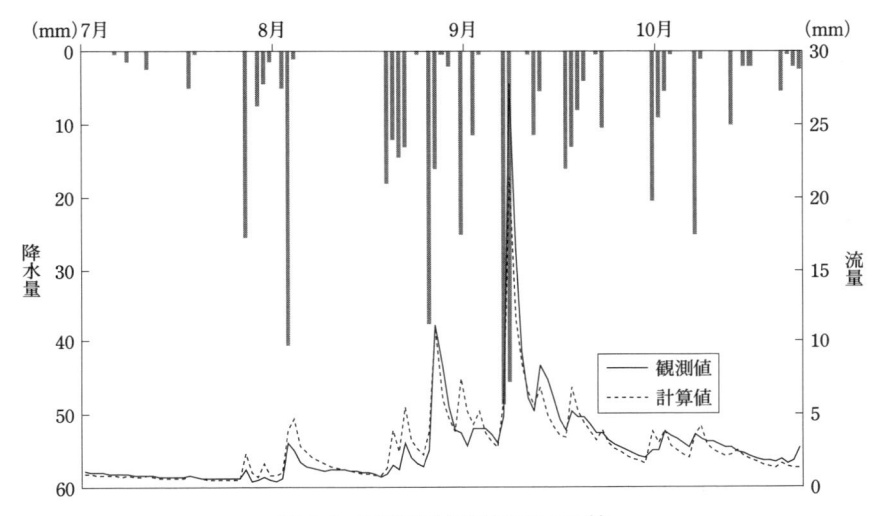

4-6 事例：森林―河川―湖沼生態系における環境変動予測モデルの構築と適用　79

図 4-4　観測流量と計算流量の比較

蒸発散量を設定し，それを夏期に多く，冬期に少なくなるサインカーブにより月ごとに配分した．ここでは，針葉樹・広葉樹の違いによる蒸発散量の違いは実質的には大きな差はないと考えられるため，考慮していない．

　流出特性を表現するパラメータは，泥川流域内の小流域における夏期の流量観測データを用い，これを最も良好に再現するようにトライアルアンドエラーにより決定した．図4-4に観測流量と最適なパラメータセットによる計算流量の比較を示す．観測期間を通じておおむね良好に再現された．流域の降雨流出特性は地質による大きく影響を受けること（志水 1980；Katsuyama et al. 2008），また日単位での流量を求めるという目的においては流域間の特性の違いはあまり影響しないことなどから，この流出に関するパラメータを対象流域全体にわたって適用した．

　伐採を実施しない森林流域からの流量は，上述の方法で決定されたパラメータを用いて計算を行い，GISから計算された各流域面積をかけることで，河川流量とした．

　森林伐採による流量の変化，および農地からの流量は主に蒸発散量の変化によって表現した．伐採処理区に対しては，滋賀県田上山地における，裸地への

山腹植栽後の経年変化に適用した例（福嶌1987）を参考に，皆伐直後からの植生の回復過程を蒸発散量の変化によって表現した．PnET-CNモデルの計算結果である流出無機態窒素濃度の経年変化をもとに，伐採年，濃度ピーク（伐採3年後），ピークの1/2（伐採6年後），1/4（同15年後），1/8（同23年後），伐採前と同レベル（同30年後）に相当する各年の流量を計算した．また，赤石川流域の農地部分に対しては芝生地での適用結果（福嶌ほか1988）をもとに蒸発散パラメータを決定した．これらの結果も同様にGISによる面積を掛け合わせ，森林部分からの流量とあわせて各河川の流量とした．

以上のように求めた日単位の各河川流量に，PnET-CNモデルの計算結果および現地観測結果による濃度を掛け合わせ，湖沼に対する水・物質負荷量とした．

3）湖沼モデル

湖沼モデルは湖内での水の流動を計算する流動モデルと，物質循環を計算する生態系物質循環モデルとを結合したものとして表現される．森林伐採のインパクトが湖沼に対して影響を及ぼす範囲を論ずる場合，湖沼の物質循環を解析するモデルは，河川を通して湖沼に流入する水域と湖沼の中心部分との違い，すなわち空間的不均一性を表現することが必要であった．朱鞠内湖においてこの不均一性を表現するために，本事例では今回プロジェクトで開発したものを利用したが，モデルの基礎式は公開されている（中田ほか2006）．つまり，モデル計算で考慮する物理法則は共通であり，そこに朱鞠内湖の湖底地形などの固有条件を合わせることで対象環境に適用できるように改良している．

流動モデルは後述の生態系物質循環の計算を行うために必要な流動場の提供を目的としている．水の流動の駆動力は，河川からの水の流入，湖からの流出，風，および熱収支から計算される水温勾配である．河川からの流入水量と，朱鞠内地方に設置されたアメダスおよび旭川気象台における気象観測データ（風向・風速・気温・湿度・全天日射量・雲量）をインプットデータとして計算を行った．朱鞠内湖を水平方向には100mのメッシュに，鉛直方向には8層に区切った．モデル上ではこのように区分されたメッシュや層ごとに計算が実行され，各区分から隣接する区分への水や熱の輸送では質量保存則が考慮される．この

ようなモデル上の設定は必要とする計算の精度と，計算実行上の制限（使用できるコンピュータの処理能力や計算にかかる時間など）のかねあいで決定された．

湖沼の環境変動予測において，生態系物質循環モデルで予測すべき項目やプランクトンの種は対象とする湖沼の環境条件によって異なる．本事例のモデルでは河川からの形態別窒素・リンの流入負荷量をもとに，それらの湖沼内での循環およびそれらを利用する植物性プランクトン（クロロフィルa量）・動物プランクトンの量および種構成の変化を計算する．このモデルにはこれらのプランクトンの増殖に関するパラメータ（増殖速度，栄養塩依存項，成分，混合栄養など）が含まれている．なお，各種プランクトンによる形態別窒素・リンの利用や循環など，詳細なメカニズムについては巻末の用語集とともに陸水学等の教科書を参照されたい．河川からの形態別窒素・リン負荷量および流動モデルの結果を用いて，朱鞠内湖内の物質循環を計算した．このモデルでは朱鞠内湖を水平方向には8つのボックスに，鉛直方向には8層に区切った．各ボックスおよび各層間の物質収支の計算のために，上述の流動モデルの結果が用いられた．計算結果は観測値との比較から妥当性を検証した．

(2) モデルシミュレーションの結果

対象環境における森林伐採を仮定した計算結果を以下に示す．PnET-CNモデルの計算結果である樹木現存量の変化をもとに，森林の伐採から回復に要する年数を計算した．同時に，河川に供給される硝酸態窒素濃度の時間変化を計算した．図4-5は，PnET-CNモデルに伐採インパクトを入力した場合の樹木現存量の回復過程を，図4-6は伐採対照区における河川に流出する硝酸態窒素濃度の経年変化を示している．樹木現存量は広葉樹林に比べて針葉樹林で回復が遅いという結果になった．特に，針葉樹林では伐採直後の回復が緩やかであるという特徴が見られた．針葉樹と広葉樹の混交比率を現地の平均的な比率である66：34と設定した針広混交林では，それぞれの純林の中間的な回復速度であった．現存量が伐採前の80％まで回復するのに必要な年数は，広葉樹林で約60年，針広混交林で約70年，針葉樹林では100年以上であった．

すべての森林で硝酸態窒素濃度は伐採によって上昇した．広葉樹林では伐採後急激に濃度が上昇し，他の森林と比べ最も早く最大値に達し，その後急速に

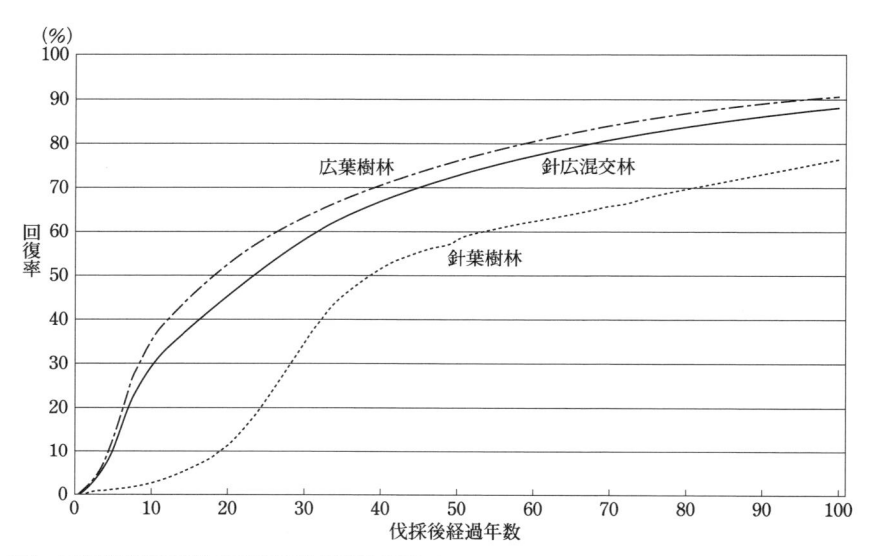

(注) 回復率は伐採前の樹木現存量に対する割合で示した．

図 4-5 PnET-CN モデルによる伐採後の森林回復過程（Katsuyama et al. 2009を改変）

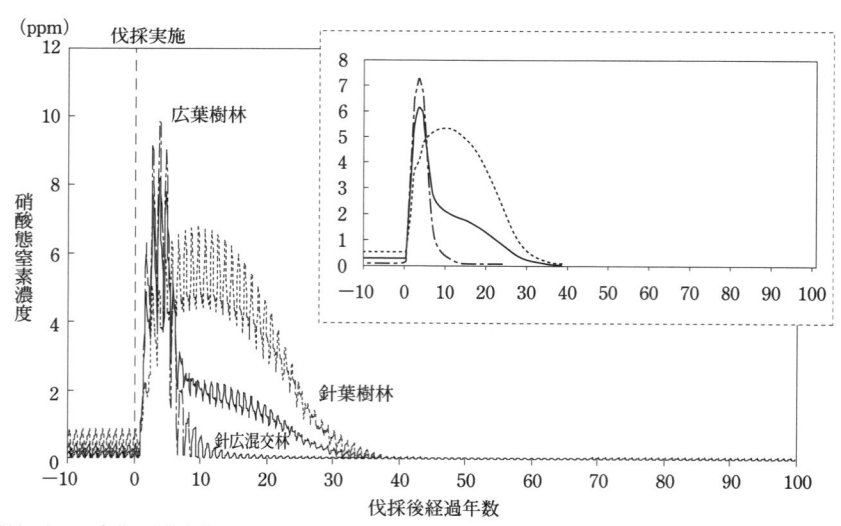

(注) 細かい変動は季節変動を，右上の図は年平均値の変動を示す．

図 4-6 渓流水中の硝酸態窒素濃度の変化（Katsuyama et al. 2009を改変）

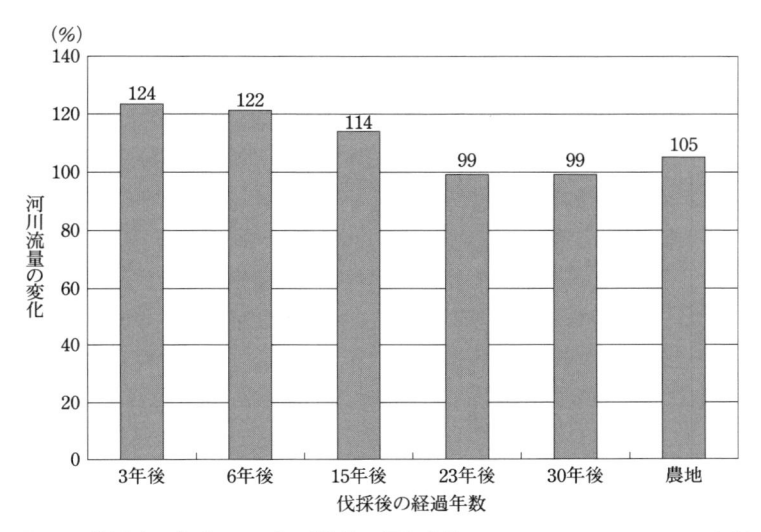

4-6 事例：森林—河川—湖沼生態系における環境変動予測モデルの構築と適用　83

図4-7　伐採地と農地からの河川流量の経年変化（Katsuyama et al. 2009を改変）

濃度が低下した．また濃度の最大値は他の森林と比べて最大であった．針葉樹林では広葉樹林に比べて最大値に達するのが遅く，また最大値も小さいが，濃度の高い状態が長期にわたって継続するという結果になった．針広混交林では両者の中間的な変動を示し，伐採後の濃度の上昇が比較的早く，その後，比較的濃度の高い状態が継続した．針広混交林では伐採3年後に濃度が最大になり，伐採から6年，15年，23年後にそれぞれ最大濃度の1/2，1/4，1/8まで濃度が低下し，伐採30年後には伐採前の濃度レベルまで回復した．以降の計算はこれらの年数を基準年として行った．

　次に，HYCYMODELを用いて計算した，皆伐区における年間の河川流量の変化を示す．伐採前の年間流量を100とした場合の各基準年と農地の流量比率を図4-7に示した．伐採後15年までは植物の量の減少を反映して蒸発散量が少なくなる分，河川流量が増加していた．その後伐採から23年を経過すると流量はほぼ伐採前と同程度に回復した．また，農地では年間の河川流量が森林と比べて5％程度大きいという結果になった．

　これらのPnET-CNモデルとHYCYMODELの計算結果から，森林から河

表 4-1　朱鞠内湖に対する泥川流域の森林伐採の影響
(Katsuyama et al. 2009を改変)

施業内容		朱鞠内湖への影響	
伐採面積	対象とする森林	年間流量(注)(%)	年間硝酸態窒素負荷量(注)(%)
小	針葉樹林	101	144
小	広葉樹林	101	188
小	針広混交林	101	173
中	針葉樹林	104	318
中	広葉樹林	104	542
中	針広混交林	104	466
大	広葉樹林	120	2310
大	針広混交林	120	1930

(注)　伐採前に対する伐採3年後の割合.

　川を通して湖沼に流入する水と物質の量を推定した．表4-1に泥川流域において伐採を行ったと仮定し，伐採から3年後の泥川流域の変化と朱鞠内湖への影響を示した．泥川流域の面積は36.1km^{2}で，そのうち針葉樹，広葉樹の面積がそれぞれ12.0km^2，23.4km^{2}である．したがって，この流域に対して針葉樹の大面積（20km^2）伐採という計算はできなかった．湖に対する硝酸態窒素の負荷量はいずれの伐採パターンでも大きく増加しているが，特に大面積の伐採においてその増加率が著しく大きかった．この計算結果は針広混交林で硝酸態窒素濃度が最大となる伐採3年後について示したものであるが，図4-5，4-6で示したとおり，樹種により影響のパターンが異なる．したがって，伐採後のどの時点・どの程度の期間を意識調査の対象と設定するかによって，影響の度合いも必然的に変わってくる．
　次に，湖沼流動モデルと生態系物質循環モデルに入力して，河川・湖沼の水質の変化を推定した．モデルにより，窒素・リン濃度，植物性プランクトン量（クロロフィルa量）など多数の項目の湖沼内での時空間変化が計算された．なお，時間変化は解氷期にあたる5月から11月までの期間のみ計算したが，結氷期も水の流入はあるものとしている．湖沼全体の水質変化は，伐採面積を最大としたときでも，伐採3年後にあたる硝酸態窒素濃度が最大となる年以外はごくわずかであった．また，同年における植物性プランクトン量の増加は，赤石

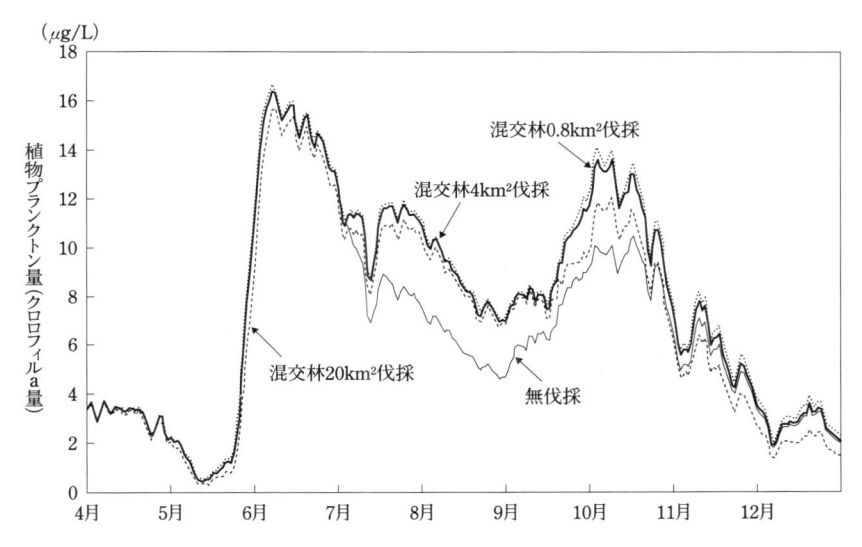

図4-8 赤石川流域で混交林を伐採した時の河川流入部での植物性プランクトン量（クロロフィルa量）の変化（河川に流出する硝酸態窒素濃度が最大になる年の季節変化を示す）

川流域で針広混交林を伐採するというインパクトで，伐採を行わない場合と比較して河川流入部においてわずかに起こる程度であることが示された（図4-8）．特に，大面積の伐採において小面積の伐採よりも植物性プランクトン量が少なく計算されている現象については，大面積の伐採によって河川流量が大きく増加し，これによる希釈効果がより強く表れたのではないかと考えられ，今回のシミュレーションの設定では森林伐採が湖の生態系に特に大きな影響を及ぼすことはなかった．

(3) モデルで予測されない環境属性の変動

ここでは，予測が必要とされた環境属性のうち，シミュレーションモデルを用いなかった「濁水の発生」，「レクリエーション利用への影響」の予測について述べる．これらの予測に関しては簡略化して専門家集団による実データの解釈や既存の予測結果の解釈などを用いて解析を行った．

濁水の発生に関しては，対象環境における伐採と濁水の原因となる浮遊物質 (SS: Suspended Solids) の量の関係を示す実データはないが，森林伐採時に河道周辺の森林（渓畔林）をどの程度伐採せずに残すと濁水が発生しないかという既存の研究成果により，残した渓畔林の幅により濁水の程度を分けた．GISを用い，各流域で渓畔林を残置させることが可能な幅を求め，100m 以上，30m 以上，残すことができない，という 3 段階を設定し，100m 以上なら濁水が発生しない，30m 以上なら発生の可能性がある，残すことができない場合は発生する，とそれぞれ設定した．

レクリエーション利用への影響に関しては，事前のインタービュー調査によって，対象環境のレクリエーション利用として，きのこ狩り，タケノコ掘り，ハイキング，ボート遊び，釣りなどへの関心が高いことが明らかとなっていた．森林伐採に伴い，対象となるレクリエーションの質がどの程度変化しうるかついて，専門家で意見を出し合い判断した．ここでいうレクリエーションの質とは，森林が伐採されることによってレクリエーションに利用可能な場所が減少することに加え，実際に採取できるキノコやタケノコの量，釣れる魚の種類や量の変化も考えられる．また，レクリエーションのためにその場所に行きたいかどうかという心理的要因もかかわり，これを景観の変化と明瞭に区別することは困難である．これらのレクリエーションの質をすべて考慮することは難しく，今回の事例では伐採面積と伐採箇所をアクセスのしやすさと読み替え，レクリエーションに利用可能な場所の減少として影響を判断した．赤石川流域は他流域に比べてアクセスが良いため，レクリエーション利用が盛んであると仮定し，中規模の伐採でも影響が大きいとした．その他の流域では大規模伐採でのみ影響が大きいとした．仮に住民の意識が釣りに強く向いており，さらに魚の種類などにも多大な関心がある場合には，種数の変化や個体数の変化モデルを作成することにより，どの程度楽しめなくなるかを正確に予測する必要が生じる．

⑷ モデルシミュレーションの問題点

環境変動予測モデルの実行に先立ち，現在の観測結果を十分に再現できるということを確認したが，将来予測の結果がどの程度の精度を持つかは明確では

ない．これは本事例に限らず，シミュレーションモデルというもの全般が持つ問題点であり，この点に関する認識は環境意識調査を行ううえでも必要である．また，自然科学者は可能な限り精度の高い予測を行うことを目指すが，一方で意識調査の対象者である住民にとっては，厳密な精度が求められる項目とそれほど精度が求められない項目もあるだろう．科学者側には住民の知りたいことを理解し，予測に際して本当に人々が求める必要な情報を提供出来る資質が求められる．一方で，住民の中には，科学者の出す結果をすべて真実だと鵜呑みにしてしまう人もいるかもしれない．将来予測の難しさを自然科学者と住民で共有することも含めて，何をどこまでの精度で予測しなければならないかを，対話を深める機会などを設け，双方向的に決定していくことが大切である．

今回シミュレーションモデルを作成しなかった項目に対しても，もし住民の関心が高く正確なモデルが必要だと判断されれば，新たな分野の専門家を招いてモデルを作成し，シナリオ作成を行っていく必要が生じる．さらに，個人の嗜好など自然科学者だけではどのようなモデルを作成すればよいのか判断できない項目もあるだろうが，そういった場合には社会科学の専門家も交えてモデル作成を行っていく必要がある．

モデルの実行にかかわる労力として，オペレータがモデルの全体像を把握し，モデル間の連結作業を的確に行うことが求められるため，オペレータにはある程度その分野の専門知識が必要である．本事例でもモデル間の連携において，湖沼モデルのインプットデータとなる，河川からの栄養塩物質の流入負荷量や水の流入量はPnET-CNモデルとHYCYMODELのアウトプットを組み合わせて計算したが，この段階にはオペレータによる手作業を含んでいる．

また，シナリオ群作成の過程において，モデル群では予測ができなかった項目，ここでは伐採による濁水の発生頻度や森林のレクリエーション利用に対する影響などは既往の研究事例の引用や専門家の知識などをもとに決定した．これは，すべての事象に対応可能なシミュレーションモデルを構築することが非常に困難であることがひとつの理由である．

これらのオペレータの手作業や，専門家による判断に関しては作業プロセスの透明性を確保し，誰にでも同様の手法が利用可能であることを目指すうえでは課題となる．専門家の育成という観点からは，現状で，自然科学と社会科学

など複数の領域にわたって幅広い教育を受けた人材は多くはない．近年，学問の学際化が叫ばれ，大学などでも学際を掲げた学部などが多数開設されるようになってきた．このような教育を受けた人材は本書で示すような環境意識調査において今後重要な役割を果たすことになるであろう．

(5) 環境変動予測シナリオの作成

シナリオアンケートの設問を設定するにあたり，変動予測を行った5つの環境属性，すなわち森林の伐採による「森の景観への影響」，「植物の種類と量の変化」，「森林浴などへの影響」，「濁水の頻度」，「川や湖の水質の変化」の5属性について，その影響度合いをそれぞれ大・小の2段階で表現することが求められた．これは，シナリオアンケートの解析に用いたコンジョイント分析を行うための制限である．なお，コンジョイント分析については次章で詳述される．

これに対し，環境変動予測モデルの計算結果は自然科学的な数値情報であるため，この数値の変化を客観的に判断し，大・小の2段階に置き換える作業が必要であった．たとえば水質変化の予測では硝酸態窒素濃度が2ppm上昇するなど，数値データとして表現される．これに対しシナリオアンケートではその2ppmの濃度上昇の影響は「大きい」のか「小さい」のか，という表現に変換する必要があった．また，濃度の上昇が2ppmと3ppmであったとき，両者に違いがあるのかないのかを「大きい」「小さい」だけで表現することになった．これらの判断は主にプロジェクトメンバーである自然科学者が行った．

コンジョイント分析を解析に用いるうえではなるべく多数のシナリオを準備する必要があった．一方，アンケート設計において環境変動予測モデルを用いた利点である，自然科学的な客観性の確保と，設問上の組み合わせとして現実に起こりえないシナリオの排除は重要視し，シナリオ群からシナリオへの絞り込みを行った．このような手順により24通りの計算結果（**表4-2**）から5属性2水準のシナリオを作成し，現実に起こりえない組み合わせの排除や互いに区別のつかないシナリオを削除した結果，異なる属性水準の組み合わせを持つシナリオは7通りとなった．次章以降では，これらのシナリオを用いた環境意識調査の実施について述べる．

（勝山正則・舘野隆之輔）

表 4-2 予測された24通りの環境変動パターン

対象流域	流域面積 (km²)	伐採面積 (km²)	伐採樹種	湖の水質変化 植物プランクトン (μg/L)[1]	硝酸態窒素 (ppm)	リン酸態リン (ppb)	植物の量 (%)[2]	景観変化 面積変化 (%)[2]	回復年数[3]	濁水発生	レクリエーション
現状(伐採なし)				10〜15	0.08	4〜5	100	100	0	しない	影響なし
ブトカマベツ川	40.9	0.8	針葉樹	変化なし	変化なし	変化なし	99.0	98.0	0/3	しない	影響なし
		0.8	広葉樹	変化なし	変化なし	変化なし	97.6	98.0	0/6	しない	影響なし
		0.8	混交林	変化なし	変化なし	変化なし	98.0	98.0	0/5	しない	影響なし
		4	針葉樹	変化なし	0.1	変化なし	95.0	90.2	0/13	しない	影響なし
		4	広葉樹	変化なし	0.1	変化なし	88.2	90.2	0/20	しない	影響なし
		4	混交林	変化なし	0.1	変化なし	90.2	90.2	0/18	しない	影響なし
		20	広葉樹	変化なし	0.2〜0.3	変化なし	40.8	51.1	30/84	可能性あり	影響あり
		20	混交林	変化なし	0.2〜0.3	変化なし	51.2	51.1	26/71	しない	影響あり
泥川	36.1	0.8	針葉樹	変化なし	変化なし	変化なし	98.9	97.8	0/3	しない	影響なし
		0.8	広葉樹	変化なし	変化なし	変化なし	97.3	97.8	0/7	しない	影響なし
		0.8	混交林	変化なし	変化なし	変化なし	97.8	97.8	0/6	しない	影響なし
		4	針葉樹	変化なし	0.1	変化なし	94.3	88.9	0/16	可能性あり	影響なし
		4	広葉樹	変化なし	0.1	変化なし	86.2	88.9	0/23	しない	影響なし
		4	混交林	変化なし	0.1	変化なし	89.0	88.9	0/21	しない	影響なし
		20	広葉樹	変化なし	0.2〜0.3	変化なし	31.1	44.6	37/>100	する	影響あり
		20	混交林	変化なし	0.2〜0.3	変化なし	44.8	44.6	31/82	可能性あり	影響あり
赤石川	20.8	0.8	針葉樹	流入部で1〜3増	変化なし	変化なし	98.1	96.2	0/5	しない	影響なし
		0.8	広葉樹	流入部で1〜3増	変化なし	変化なし	95.5	96.2	0/10	しない	影響なし
		0.8	混交林	流入部で1〜3増	変化なし	変化なし	96.2	96.2	0/9	しない	影響なし
		4	針葉樹	流入部で1〜3増	0.1	2〜3	90.7	80.8	0/25	する	影響なし
		4	広葉樹	流入部で1〜3増	0.1	2〜3	77.5	80.8	5/33	しない	影響あり
		4	混交林	流入部で1〜3増	0.1	2〜3	81.2	80.8	0/31	する	影響なし
		20	混交林	流入部で1〜2増	0.2〜0.3	2〜3	5.8	3.8	61/≫100	する	影響大

(注)
1) クロロフィルa濃度.
2) 現状を100%としたときの伐採直後の割合.
3) 80/100%回復時点までにかかる年数.

引用文献

Aber, J. D., S. V. Ollinger and C. T. Driscoll (1997) Modeling nitrogen saturation in forest ecosystems in response to land use and atmospheric deposition, Ecological Modelling, 101, pp. 61-78.

江守正多 (2008) 地球温暖化の予測は「正しい」のか? 不確かな未来に科学が挑む, DOJIN 選書020, 化学同人.

福嶌義宏 (1987) 花崗岩山地における山腹植栽の流出に与える影響, 水利科学, 177, pp. 17-34.

福嶌義宏・鈴木雅一 (1986) 山地小流域を対象とした水循環モデルの提示と桐生流域への10年連続日・時間記録への適用, 京都大学演習林報告, 57, pp. 162-185.

福嶌義宏・鈴木雅一・武居有恒 (1988) 芝生地の森林地に対する水文特性の相違, 新砂防, 40 (5), pp. 4-13.

Katsuyama, M., K. Fukushima and N. Tokuchi (2008) Comparison of Rainfall-Runoff Characteristics between Forest Catchments with Granitic rock and Sedimentary rock, Hydrological Research Letters, 2, pp. 14-17.

Katsuyama, M., H. Shibata, T. Yoshioka, T. Yoshida, A. Ogawa and N. Ohte (2009) Applications of a hydro-biogeochemical model and long-term simulations of the effects of logging in forested watersheds, Sustainability Science, 4, pp. 179-188. doi: 10.1007/s11625-009-0079-2.

小島賢治・本山秀明・山田芳則 (1983) 気温等単純な気象要素による融雪予測について, 低温科学 物理編, 42, pp. 101-110.

中田喜三郎・日野修次・植田真司 (2006) 湖水の流動モデルと生物地球化学的物質循環モデル, 陸水学雑誌, 67, pp. 281-291. 特集：集水域の生物地球化学シミュレーションモデルの有用性と課題.

大手信人 (2006) 森林流域と対象とする渓流水質予測モデルを構築する際に考慮すべき水文過程の影響について, 陸水学雑誌, 67, pp. 259-266. 特集：集水域の生物地球化学シミュレーションモデルの有用性と課題.

柴田英昭・大手信人・佐藤冬樹・吉岡崇仁 (2006) 森林生態系の生物地球化学モデル：PnET モデルの適用と課題, 陸水学雑誌, 67, pp. 235-244. 特集：集水域の生物地球化学シミュレーションモデルの有用性と課題.

志水俊夫 (1980) 山地流域における渇水量と表層地質・傾斜・植生との関係, 林業試験場研究報告, 310, pp. 109-128.

塚本良則編 (1992) 森林水文学, 現代の林学6, 文永堂出版.

山下三男・市川新・佐藤冬樹・柴田英昭 (2006) 河川水文シミュレーションモデルの現状と新しい提案, 陸水学雑誌, 67, pp. 267-280. 特集：集水域の生物地球化学シミュレーションモデルの有用性と課題.

第5章 シナリオを使って人びとの環境意識を解きほぐす

　シナリオと聞けば，「温暖化シナリオ」などを思い浮かべるほど，環境関係の分野でも一般的な言葉になってきた．シナリオとは，いわゆる「脚本」や「台本」といった演劇などの筋が書かれたものを指しているが，環境変化の原因と道筋を示すものが環境のシナリオということになろう．

　この章では，環境に関するシナリオを用いて，人びとの環境意識を把握する方法について見ていくことにする．第1章で述べたが，環境経済学的な調査において，人びとの選好を調査する際に，表明選好法が多く用いられており，その際に，環境変化のシナリオを提示して，それに対する評価が分析されている．そこで，第5章では，まず環境経済学においてシナリオが利用されている例について概説し，環境の複数の属性についての選好を分析できるコンジョイント分析が，環境意識を理解するうえで有効であることを示す（5-1節）．そして，コンジョイント分析を応用した調査事例として，「環境意識プロジェクト」で実施した調査を紹介する（5-2節）．

5.1 シナリオを評価する：環境経済学の手法

　環境経済学では，利用価値のみならず，存在価値などの非利用価値も環境の価値として評価する手法の開発が進められてきている．これは，環境（生態系）の再生・修復や保全のための対策を経済的に評価する必要性が近年非常に高まってきていることによるものである．中でも，現在の市場では評価されない非利用価値に対しても経済的価値を推定することができる表明選好法（1-3節の(2)参照）を応用して多くの研究が報告されており，それらを総合的に分析してさまざまな生態系サービスの価値やそれに影響を及ぼす要因などが検討さ

れている（たとえば，Wilson and Carpenter 1999 や Krieger 2001 など）．環境経済学的に求められた経済的価値が，対象環境そのものの価値に相当するのかどうかについては，議論のあるところであるが，人びとの環境意識の現れであることに間違いはないであろう．環境意識を経済的価値で測定することの意義については，鷲田（1999）や吉岡（2002）を参考にしていただきたい．

ここでは，表明選好法の中でもよく使われている「仮想評価法」と「コンジョイント分析」を取り上げることにする．

(1) 仮想評価法

表明選好法の中で最もよく利用されているのが，仮想評価法である．ある環境の保全対策を例にとれば，対策を実施する場合としない場合とでその環境がどのように変化するのかを説明し，その対策のために税金や基金に払ってもよいと思う金額（支払い意志額）を尋ねる．その支払い意志額を対象となる人口で積算したものが，その環境あるいは対策によって保全される環境属性の価値と考えるというものである．**表5-1**は，日本国内のいくつかの環境の保全や保護に対して人びとの支払い意志額を尋ねた仮想評価法で推定された評価額の例である（栗山 1998, 2000）．

このような環境保全対策の仮想評価法による経済評価の場合，対策をした場合の環境変化と対策をしなかった場合の環境変化とがそれぞれシナリオとして調査対象者に示される．たとえば，釧路湿原の景観評価に関するアンケートでは，現在の釧路湿原の景観の写真と湿原の開発によって乾燥化が進んだときに予想される湿原の写真（合成写真）とが並んで提示されている（栗山 1998）．回

表 5-1　日本国内における環境の価値評価額の例

評価対象	評価額
屋久島の保全	2,483億円
吉野川下流の自然環境（可動堰関連）	2,648億円
釧路湿原の景観	148億円
横浜市上流の水源林保護	7億円
藤前干潟の保全	2,960億円
全国農地の保全	4兆1,000億円

表5-2 仮想評価法におけるいくつかの質問形式

質問形式	質問の仕方	利点・問題点
自由回答形式	回答者自らの支払い意志額を自由に記入してもらう．	通常，価値評価を経験したことがないので回答しにくい．
付け値ゲーム形式	回答者に，最大の支払い意志額に達するまで，次々により高い額を提示していく．	最初に提示する額によるバイアスの可能性がある．
支払いカード形式	さまざまな金額の書かれたカードを提示して，回答者の支払い意志額として適当なものを選択してもらう．	カードに示された範囲に意志額が限定される．
二項選択形式	提示金額以上の支払う意志があるかないかを回答してもらう．1回だけ質問する場合（シングルバウンド方式）と，回答がYesならより高い決まった額を提示し，Noならより低い決まった額を提示して回答してもらう場合がある（ダブルバウンド方式）．	回答しやすい．ダブルバウンド方式の方が統計的な精度が高い．

答者は，これらの写真から保全（景観維持）対策を実施するシナリオと実施しないシナリオを理解して，対策に対する支払い意志額を提示するのである．栗山（1998）には，アンケートの調査票が掲載されているので，参照していただきたい．

支払い意志額の質問の仕方には，表5-2に示したように，「自由回答形式」，「付け値ゲーム形式」，「支払いカード形式」，「二項選択形式」がある（栗山・庄子 2005）．これらは，仮想評価法を応用した多くの調査から，回答のしやすさ，無回答の数，最初に提示する金額の妥当性などの要因よって，支払い意志額の推定値に歪み（バイアス）が生じる可能性があり，この影響を小さくするために考案されてきたものである．回答者が答えやすく，また，バイアスが生じにくくて統計的精度も高いことが期待されるダブルバウンド方式の二項選択形式がよく利用されている．

支払い意志額の推定には，ランダム効用理論などが応用されている．詳しくは，栗山（1998）などを参照していただきたい．

(2) コンジョイント分析

環境変化のシナリオには，通常いくつもの環境属性の変化が含まれている．

たとえば，植生の量や種の多様性，水量や水質などさまざまな属性の変化である．ところが，仮想調査法では，基本的には，対策なしのシナリオを基準として，対策ありのシナリオを全体として評価することになる．したがって，支払い意志額として示される評価が，どの環境属性を評価したものなのかを特定することは不可能である．もし，人びとの評価と環境属性の関係が把握できれば，環境保全施策だけではなく，公共事業など環境に影響を及ぼす可能性のある事業の環境アセスメントにおいても，きわめて有益な情報となるであろう．このような人びとのシナリオ評価に影響を及ぼす環境属性を推定する手法として，コンジョイント分析がある．この手法は，計量心理学の分野で考案され，マーケティングリサーチや交通工学の分野で発展したものである（栗山・庄子2005）．シナリオを構成する項目（属性）とその内容（水準）を設定して選択すべきプロファイルを設計して，調査対象者にそれぞれのシナリオの良し悪しを評価してもらう．その結果を統計解析することによって，環境を構成する属性のシナリオ評価に対する相対的な重要度を推定することができる．これは，もうひとつの代表的表明選好法である仮想評価法と大きく異なる特徴である．

コンジョイント分析の分野では，属性がとりうる値のことを「水準」，各属性の水準の組み合わせで表現される選択肢のことをプロファイルと呼んでいる．なお，本書でいう「シナリオ」は，コンジョイント分析の「プロファイル」と同じものと考えてよい．プロファイルの例としては，カタログを見て買いたい商品を選ぶ状況を考えるとわかりやすい．カメラ，車，コンピュータなどのカタログでは，さまざまな機種の規格，性能が一覧になって並んでいる．各機種の情報が，コンジョイント分析でいうプロファイルに相当する．

表5-3は，車の規格・性能のプロファイルを例としたあげたものである（栗

表5-3 コンジョイント分析におけるプロファイルの例（栗山・庄子2005より）

属性	プロファイル1	プロファイル2
車体	町乗り仕様	オフロード仕様
エンジン	1300cc	2000cc
車色	黄色	迷彩色
エアバック装備	正面	正面＋側面
カーナビ	なし	あり
価格	100万円	250万円

表 5-4　コンジョイント分析におけるいくつかの質問形式

質問形式	質問の仕方	利点・問題点
完全プロファイル評定型	プロファイルごとにどれくらい望ましいかを尋ねる.	望ましさの程度をプロファイルごとに評価するため,回答しにくい.
ペアワイズ評定型	2つのプロファイルを提示して,どちららがどれくらい望ましいかを尋ねる.	完全プロファイル評定型より回答しやすい.
選択型実験	複数のプロファイルを提示して,最も望ましいプロファイルを尋ねる.	ひとつを選ぶだけなので回答しやすい.
仮想ランキング	複数のプロファイルを提示し,望ましい順に順位付けしてもらう.すべての順位を付ける完全ランキングと上位の一部だけを順位付ける部分ランキングがある.	回答しにくいが,選択型実験より得られる情報が多い.

山・庄子 2005).車の属性として,車体の仕様,エンジンの排気量,車色,エアバック装備の有無,カーナビの有無,価格の6つが挙げられている.それぞれの属性について,水準が,車体の仕様では「町乗り仕様」と「オフロード仕様」,エンジンの排気量では「1300cc」と「2000cc」など,それぞれ2つ水準が設定されている.回答者には,このようなプロファイルを複数提示し,評価してもらう.その質問の仕方として,「完全プロファイル評定型」,「ペアワイズ評定型」,「選択型実験」,「仮想ランキング」といった形式がある(表5-4).

いずれの質問形式を使っても,最終的には,各プロファイルの全体効用と属性ごとの部分効用の値を推定することになる.全体効用値とは,ひとつのプロファイルに対する満足度のことであり,たとえば,表5-3の例でいえば,プロファイル1の車を購入することにどれだけ賛同しているかということである.一方,部分効用値は,各属性のある水準に対してどれだけ満足を感じるかということであるが,算定方法は栗山・庄子(2005)などの文献に譲ることにする.

また,コンジョイント分析においては,属性および水準の適正な数や複数のプロファイルの選定の方法などに注意が必要である.特に注意すべき点は,車の属性とは異なり,環境の属性間には相関の見られることが多いことである.ひとつの属性の水準が変化したときに,他の属性が常に同じ方向と大きさで変化する場合,これらの属性の間に相関があるという.このような属性をプロファイルに含んでいる場合,回答者の意識がどちらの属性の変化に対応したもの

表5-5 直交表 （菅2001より改変）

プロファイル＼属性	A	B	C	D	E	F	G
a	1	1	1	1	1	1	1
b	1	1	1	2	2	2	2
c	1	2	2	1	1	2	2
d	1	2	2	2	2	1	1
e	2	1	2	1	2	1	2
f	2	1	2	2	1	2	1
g	2	2	1	1	2	2	1
h	2	2	1	2	1	1	2

かを峻別することができない．また，属性と水準の数が多いと，考えうるプロファイルの数が膨大となる．たとえば，表5-3の車の例では，6つの属性に2水準があるので，全部で64（＝2^6）通りのプロファイルができる．これらすべてを回答者に提示して評価させることは非現実的となるため，一定の方法にしたがってプロファイルを絞り込む必要がある．その方法として，一般的に直交配列法（栗山・庄子 2005）が用いられている．この方法では，表5-5に示す直交表と呼ばれる表が用いられる（菅2001）．

この表において，列のAからEは属性に対応し，行のaからhはプロファイルに対応している．そして，表中の1と2は各属性の水準に対応している．直交表は，各列に現れる水準がどの列においても同じ数だけ現れている．表5-5では，どの属性も水準1と2がともに4つずつあることがわかる．また，任意の2列に関して，水準の間の相関係数を求めると，どの2列においても相関係数が0になるという特徴がある．この表は，属性が4〜7個の場合に適用でき，AからGの中から任意の列を4〜7つを選択すればよい．4属性2水準では16通り，7属性2水準では128通りのプロファイルが存在するが，この表で示された8つのプロファイルを用いることで，統計的信頼性を持った解析結果を得ることができるものである．

しかし，直交配列法によって設計されたプロファイルの中には，現実的にはありえない属性・水準の組み合わせのプロファイルが含まれることがある．車にたとえれば，8人乗りのオフロード仕様なのに，エンジン排気量が1000ccという規格の車である．環境属性の間には相関のあるものが多く，属性と水準

をそれぞれ独立であるとして組み合わせた場合には非現実的なプロファイルが多数存在することになる．このような非現実的なプロファイルが含まれていると，回答者は真剣に選択しない可能性が高くなるため，非現実的な属性・水準の組み合わせは禁止ペアとして除外する方が望ましい場合がある．また，直交配列法よりも効率良く部分効用値の推定が行えるように，D効率性基準を考慮してシナリオの選定が行われる場合がある．これらについては，栗山・庄子（2005）や菅（2006）などの書籍を参考にしていただきたい．

(3) 表明選好法による環境の経済的評価と環境意識

表明選好法のうち，仮想評価法による環境の経済的評価については，**表5-1**に例を挙げたが，ここでは，環境変化のシナリオを作成する段階で，自然科学的な検討がなされている例をいくつか紹介する．

1）諏訪湖の水環境改善方策の経済的評価

稲葉（2001）は，諏訪湖の水環境改善方策にかかる費用への支払い意志額をダブルバウンド方式の仮想評価法を用いて推定している．水質や生物相の変化などは，生態系モデルを使って，定量的な指標として，化学的酸素要求量（COD: Chemical Oxygen Demand），窒素濃度（無機態，溶存有機態，懸濁性有機態），リン濃度（無機態，溶存有機態，懸濁性有機態），動植物プランクトン量を取り上げて推定している．モデルによる推定結果の検証には，COD，全窒素濃度，全リン濃度，クロロフィルa濃度を用いている．前3者は，生活環境の保全に関する環境基準の水質類型にかかわる項目として取り上げられている．

ただし，一般的な市民には，これらの水質項目の理解は難しいと考えられるので，ユスリカ（幼虫が湖底泥中で成長する昆虫．一斉に羽化して，湖周辺に飛来するため，交通・生活上迷惑な生物とされる），湖面のアオコ（富栄養化した水域で多量に発生するシアノバクテリア．水面に浮上する性質を持ち，岸辺に濃集して死滅すると腐敗して臭気を放つ），水生生物（水草，エビ），魚類の数と種類，湖水浴の可能性，飲料水への利用の可否，の6項目を取り上げ，水質改善の水準4つを設定している（**表5-6**）．なお，稲葉（2001）で使われている「水環境改善水準」という用語は，本書でいうシナリオに相当するので，混乱を避けるた

表 5-6 諏訪湖の水環境改善シナリオ (稲葉 2001 より改変)

提示された属性	現状	シナリオ1	シナリオ2	シナリオ3	シナリオ4
ユスリカ	発生	発生	減少	減少	大きく減少
湖面のアオコ	発生	発生	発生なし	発生なし	発生なし
透明度	約1m	約1m	約2m	約3〜4m	約3〜4m
湖水浴	できない	できない	快適ではないができる		快適にできる
水生生物　水草	少ない	増える	増える	増える	少ない
水生生物　エビ	少ない	増える	増える	増える	少ない
魚類　数	多い	多い	減る	減る	減る
魚類　種類	コイ・フナ・ワカサギ		種類が多くなる（タナゴなど）		
水質	飲料水源にはできない		高度処理で飲料水に		通常処理で飲料水に

め以下では「シナリオ」と表現することにした．

これらのシナリオを用いた仮想評価法による調査の結果，各シナリオへの支払い意志額は，シナリオ1：10,001円，シナリオ2：12,890円，シナリオ3：12,175円，シナリオ4：13,244円となった．これらの支払い意志額を用いて，諏訪湖の水環境改善策の社会的便益を推定しているが，具体的な改善対策の方法として，下水道整備の完成，湖底泥の浚渫，市街地対策（雨水貯留槽の設置によって初期降雨に含まれる汚濁負荷を低減する），農地対策（施肥方法を変えて施肥量30％削減）の4つを取り上げ，それぞれ単独あるいは複数を組み合わせた対策を用いている．シナリオ1の環境水準は，4つの対策を単独で実行しても達成できるものであり，その社会的便益を諏訪湖周辺の6市町村の住民で集計したところ約7.3億円と推定された．また，シナリオ2の環境水準は，下水道整備の完成と農地対策を含む対策で達成可能であり，その社会的便益は約9.4億円と推定された．ところが，これらのどれを組み合わせても，シナリオ3と4の環境水準を満たすことができないことがわかり，便益の推定はできなかった．

科学的な環境変化の予測と仮想評価法を組み合わせることで，環境改善対策の社会的便益を推定できることがわかる．この便益推定値を対策にかかる費用と比較検討することで，具体的な施策の計画，実施に貢献することは間違いがないであろう．しかしながら，一般市民が認識できる環境水準と自然科学的な測定・予測項目の関係には，今後も十分な検討が必要であるとともに，シナリオ3，4のように達成できない環境水準がありうることには注意が必要である．

また，この仮想評価法では，取り上げられた6つの環境属性の中で，どれが支払い意志額に大きな影響を及ぼしているかを推定することはできない．稲葉(2001)では，4つのシナリオを用いているが，6つの属性間の相関が非常に高い（ひとつの改善レベルが高ければ他の属性の多くも高くなる）ため，以下で例を見るコンジョイント分析に応用することも困難である．環境属性間の相関の高さについては，「環境意識プロジェクト」で実施した「シナリオアンケート」でも検討課題であった（5-2節(1)参照）．

2）琵琶湖のカワウ問題に関する住民の意識

琵琶湖のカワウ問題を扱った斉藤ほか（2002）は，コンジョイント分析を応用し，カワウによる漁業被害と森林被害の程度，カワウ個体数，対策に要する税負担額を異にするいくつかのシナリオを提示し，各シナリオに対する人びとの支持の高さをもとに，カワウ問題に対する人びとの意識を解析した．水準は属性ごとに4水準を設定している（**表5-7**）．

これらの組み合わせによって，合計で256種類（＝4^4）のシナリオができる．5-1節の(2)で述べたように，これらすべてを回答者に評価してもらうことはできないので，直交配列法によって16を選び出し，回答者にはその中からいくつかを提示して，完全プロファイル評定型の質問形式で回答してもらっている．なお，調査はインターネットを用いて行われた．

結果として，森林被害や漁業被害よりも，カワウの個体数と税負担額を重視する傾向（属性の重要度）が示された（**表5-8**）．また，税負担はより少ない方が選好されていること，カワウ個体数では，現状の50％に減少することを最も

表5-7　琵琶湖カワウ問題の調査で用いられた属性と水準（斉藤ほか2002より）

属性	水　準			
漁業数害	0％	50％	100％	150％
	（被害なし）	（半減）	（現在の状態）	（50％増）
森林被害	0％	50％	100％	150％
	（被害なし）	（半減）	（現在の状態）	（50％増）
カワウ個体数	0羽	8,000羽	16,000羽	24,000羽
	（被害なし）	（半減）	（現在の状態）	（50％増）
税負担額	1,000円	4,000円	7,000円	10,000円

表 5-8　コンジョイント分析によるカワウ問題に対する意識（斉藤ほか 2002 より）

属性	水準	部分効用値	属性の重要度
漁業被害量	0 %	0.1159	20.39%
	50%	0.1863	
	100%	−0.0386	
	150%	−0.2636	
森林被害量	0 %	0.1821	21.91%
	50%	0.1821	
	100%	−0.0514	
	150%	−0.3128	
カワウ個体数	0 %	−0.1931	29.03%
	50%	0.2492	
	100%	0.1524	
	150%	−0.2084	
税負担額	1,000円	0.3459	28.67%
	4,000円	0.0488	
	7,000円	−0.1498	
	10,000円	−0.2449	

選好していたが，完全に駆除してしまう（0 %）のは，現状の1.5倍に増加するのと同じ程度の負の部分効用値が得られており，完全に駆除することは望んでいないことが示唆された．また，個人の部分効用値をクラスター分析することによって，異なる選好を有する集団のあることを見出している．たとえば，ある集団は，カワウ個体数の現状維持を最も望み，漁業被害と森林被害の完全な回復を望まないのに対し，別の集団では，漁業被害と森林被害の回復を強く望むが税負担は低額であることを選好し，カワウ個体数の削減を選好するということが示唆されている．

　斉藤ほか（2002）の研究は，実際のカワウ対策を目指したものではなく，カワウ対策の社会的便益の算定（支払い意志額の積算）などは行われていない．しかしながら，個人の部分効用値を使ったクラスター分析によって，選好の異なる住民集団の存在を示唆したり，最大効用モデルを用いて対策シナリオの支持率を計算するなど，具体的な施策立案のために住民の環境意識を把握する手段として，コンジョイント分析手法の有効性を明らかとしたものである．

3）湿原の自然再生に関する住民の意識

三谷らは，釧路湿原達古武沼と霞ヶ浦を対象として，湿原の自然再生に対する経済的評価をコンジョイント分析の選択型実験によって実施した（三谷2007；Mitani et al. 2008）．

達古武沼の調査の場合は，環境がまだ健全だったと考えられる1991年のレベル「再生水準」と水質等の環境悪化が進行中の2003年のレベル「維持水準」と，このまま対策をとらなかった場合の「放置水準」が選択されている（**表**5-9）．合計で270種類のシナリオが存在するが，このうち「水生植物の種数20種」と「アオコが湖面一面に発生」のペア，「絶滅危惧種6種」と「アオコが湖面一面に発生」のペアは，非現実的な組み合わせ（「禁止ペア」）として除外され，直行計画法により，16シナリオが使用された．カラー写真やイラストによる説明が効果的であるとして，インターネットを用いて調査された．3つのシナリオを提示して，最も良いシナリオを回答させる選択型実験によるコンジョイント分析が行われた．回答者として，北海道住民と全国の住民に分けて調査が行われている（三谷2007）．

各属性（およびその水準）に対して，個々に支払い意志額が推定され，最も支払い意志額が大きいのは，アオコの発生に対してであり，水生植物の種の多

表5-9 達古武沼の調査で用いられた属性と水準（三谷2007より）

属性	水準
水生植物の種数*	20種（1991年レベル） 14種（2003年レベル） 7種（対策なし）
絶滅危惧種の維持*	6種（1991年レベル） 2種（2003年レベル） 0種（対策なし）
アオコの発生*	なし うっすらと発生 湖面一面に発生
レクリエーション利用	利用可能 利用不可能
基金への支払い額	500円〜8,000円（5水準）

（注）＊水準の最上段は「再生水準」，中段は「維持水準」，下段は「放置水準」に相当する．

表5-10 霞ヶ浦の調査で用いられた属性と水準 (Mitani et al. 2008)

属性	水準
アサザの絶滅リスク (残存個体数)	500個体(絶滅回避) 35個体(絶滅危惧あり) 15個体(絶滅危惧高い) 0個体(対策なし)
湖岸生態系 (アサザ群落面積)	100%(100,000m², 1996年レベル) 10%(10,000m², 2000年レベル) 0%(〜1m², 対策なし)
対策コスト	500円, 1,000円, 3,000円, 6,000円(4水準)

様性維持や絶滅危惧種の維持への支払い意志額が低いことが示されている．人びとは，達古武沼の自然再生として水質の改善を最も望んでいると考えられる．ちなみに，シナリオ全体の評価額としては，1991年レベルへの回復シナリオに対して6,494円(北海道)，7,244円(全国)，2003年レベルの回復シナリオに対しては，4,144円(北海道)，3,517円(全国)という値が得られている．また，報告では，達古武沼の自然再生に対する選好が北海道の住民の方が多様であることなどが明らかとされている．

一方，霞ヶ浦に関しては，絶滅が危惧されている水生植物(浮葉植物)のアサザの保全に関する意識調査として，選択型実験による保全対策の経済評価が実施された(Mitani et al. 2008)．この調査では，アサザ個体数と群落面積，および対策コスト(支払い意志額)を属性として(表5-10)，シナリオが作成されている．合計48通りのシナリオが存在する．達古武沼の場合と同様，インターネットを使ってあらかじめ選定された対象者に質問票が提示された．直交配列法により16シナリオが選択され，3シナリオからひとつを選ぶ形式の質問に各自8問ずつ回答する選択型実験として実施された．

人びとの支払い意志額は，アサザの絶滅リスク回避に対して高く(500個体で約6,840円，35個体で約4,820円，15個体で約3,370円)，群落面積維持に関しては低い(100%，10%レベルに対してそれぞれ，約1,630円と1,020円)ことが明らかとなった．また，性別や現地の訪問の経験，収入などが，アサザ保全対策に対する選好に有意な効果を持っていることなども示されている．

(4) 環境意識を解明するうえでのコンジョイント分析の利点

　環境経済学の分野において，表明選好法は，環境を経済的に評価し，環境施策の社会的便益して，費用対効果に根拠を与えるものとして応用が広まっている．また，この手法によって，環境対策を考えるうえで重要となる，人びとが環境に対して「何を望み，何を望まないのか」といったニーズを知ることも可能である．特にコンジョイント分析手法は，環境の諸属性に対する人びとの選好の程度を識別できる点で，仮想評価法よりも環境意識を詳しく分析する能力が高いと考えられる．この分析能力は，環境対策を考える側に立てば，とてもありがたいものである．環境保全事業にしろ，開発事業にしろ，包括的に環境への影響を考慮して，事業を計画することはとても難しい．環境にはさまざまな属性があり，それらが複雑に連関しているからである．そのとき，ステークホルダーである住民がその事業において起こる想定される環境変化の中で特に重視している属性があらかじめわかっていれば，その属性への配慮を重点にした計画，手法，措置を具体的に考えることができるからである．このように，コンジョイント分析は，人びとの意識を施策に活かすという意味で有用な手法であるが，第1章で解説した環境アセスメントにおいても取り入れてよい手法と考えられる．

　ところで，ここで紹介した表明選好法による調査事例では，環境属性のほかに支払い意志額が属性として評価対象になっている．環境の経済的評価をすることが目的であるから，当然のことである．また，支払い意志額という具体的，定量的指標で環境属性それぞれについての重要度を推定できるのでとても便利である．しかしながら，Hanley et al. (2006) は，イギリスのイングランドとスコットランドの2つの河川の住民に対して，まったく同じ属性と水準を用いた選択型実験で支払い意志額を測定したところ，各属性への支払い意志額が2つの河川流域住民で大きく異なるほか，相対的な順番も異なっていることを報告している．彼らは，流域住民間で収入が異なることや，流域間でさまざまな環境に違いがあること，河川の利用に違いがあることなどが原因ではないかと考察している．このように，回答者の収入や居住地などの個人属性が，支払い意志額に影響を及ぼしており，環境属性の変化のみに支払い意志額が左右されているわけはない．また，コンジョイント分析の質問に回答するには，支払う

金額と環境属性の変化（水準）との間のトレードオフを考慮する必要があるが，一般的には難しい作業である．

　属性ごとの部分効用値と支払い意志額との間には，線形ではないが高い相関関係があり，それぞれの順位は一致する．したがって，各属性の部分効用値を比較することで，シナリオの評価において重視されている属性を推定することが可能であり，支払い意志額を推定する必要は必ずしもない．環境に対する住民の意識，言い換えればニーズ，をつかむという目的に限れば，シナリオに支払金額という属性は不要であり，そのかわりに別の環境属性をシナリオに加えれば，より細かな環境変化についての意識調査が可能となる．次の5-2節では，森林流域環境に対する人びとの意識を，支払い意志額を属性としていないコンジョイント分析を用いて調査した事例を紹介する．

5-2　コンジョイント分析を用いて森林流域環境に関する意識を調べる

　ここでは，コンジョイント分析法を応用した環境意識調査の事例として，総合地球環境学研究所の研究プロジェクトである「環境意識プロジェクト」で実施された2つのアンケートを取り上げる．

　ひとつは，2007年2〜3月に「次世代に向けた森林の利用に関する意識調査」で実施したアンケート（略称：「次世代アンケート」）であり，もうひとつは，2007年10〜11月に「森，川，湖の環境に関する意識調査」で実施したアンケート（略称：「シナリオアンケート」）である．すでに述べたが，これらの調査では，支払い意志額の推定は目的としておらず，したがって，シナリオの属性に支払い額は含まれていない．

　「次世代アンケート」は，人工林伐採の場所・面積・伐採方法・後施業（植林の有無）を異にする施業シナリオを評価してもらう調査であり，「シナリオアンケート」は，異なる伐採計画に伴って森林—渓流—湖沼の環境が変化するシナリオを評価してもらう調査である．なお，調査票及び集計結果は，すでに「環境意識プロジェクト」の報告書として発行している（総合地球環境学研究所研究プロジェクト「流域環境の質と環境意識の関係解明」編 2008a, b）．

　以下では，第4章で扱った環境変動予測モデルの結果を用いた「シナリオア

ンケート」を先に，そのあとでモデルを用いていない「次世代アンケート」を紹介する．

(1) シナリオアンケート

「シナリオアンケート」は，図1-8で示したシナリオを用いた環境意識の調査手法の応用例として，「環境意識プロジェクト」が検討したすべてのプロセスを経たうえで実施された調査である．

1）対象環境の設定

仮想的インパクトを与え，環境変化のシナリオを作成する対象とした環境は，第4章の環境変動予測モデルで扱った朱鞠内湖集水域である．「環境意識プロジェクト」の目的は，人びとが環境の変化を評価するときに，どのような環境の属性に重点を置いているのかを把握するための方法を構築することである．この方法は，第1章（1-2節(2)）で解説したように，環境アセスメントにおける自然科学的環境評価と社会的影響評価の連携手法と位置づけることができ，住民参加を具体的，より実質的に行う手法として開発しようとしたものである．したがって，どのような環境に対しても適用できるものでなければならない．自然科学的環境評価には，環境の変化を予測するモデルが必要となるが，どのような環境にも適用できる一般的なモデルは存在せず，個々の対象環境に対応させて設計しなければならない．具体的な対象環境を設定する必要がある．そこで，プロジェクトでは，対象環境として森林流域環境を取り上げることにした．

その理由は，
① 日本は，先進国の中でも国土に占める森林の面積が約67%と非常に大きい「森の国」であるにもかかわらず，世界第3位の森林資源輸入大国であり，木材自給率は23%に過ぎない（平成20年森林林業白書 http://www.rinya.maff.go.jp/j/kikaku/hakusyo/20hakusho/pdf/s_2.pdf）．
② 人工林の多くは，手入れが不足しており森林流域環境を保全するうえで問題が大きい．
③ 地球温暖化防止の鍵となる二酸化炭素の吸収源として森林が期待されてい

る．

など，日本と地球の環境を巡る課題に森林が大きくかかわっているからである．森林に関する環境倫理的観点からも，今後は国内の森林資源の利活用を図る必要があると考えられる．

　一方，森林は水質浄化や渇水・洪水といった生活環境の保全に役立つほか，水界の生物生産にとって重要な栄養物質を供給している環境であるという認識が高まっている．フィールド科学の分野では，流域単位で水・物質・生物の関係を研究することの重要性の認識が高まっている．水系として，森林から海までを考慮することはモデル開発のために必要な基礎データの取得などに困難があるため，森林から川・湖までの森林集水域を対象とすることにした．

　シナリオアンケートの設計には，過去・現在の森林流域環境に関する自然科学的なデータに加え，環境変動予測モデルによる環境変化のシナリオに沿った環境の変化予測が必要となる．そのために，対象とする森林集水域環境には，土地・水資源利用変化に関する資料や自然科学的なデータと研究の蓄積とならんで，観測・調査拠点としての基盤的施設・設備が充実している必要がある．また，具体的に先鋭化した環境問題が生起・想定されている集水域環境を対象にすると，その環境問題に関する意識が前面に出てしまうため，環境属性の変化に対する人びとの評価の変化を検出できない可能性がある．したがって，このような具体的な環境問題が生起していない地域を選定することにした．ただし，このことは，シナリオアンケートの手法が具体的な環境問題にとって無意味であることを意味するわけではない．戦略的環境アセスメントで重視されている環境施策のごく初期の段階，いわゆる政策・計画・プログラム（PPPs: Policy, Plan and Program）の段階での環境影響の評価において，住民の環境意識を取り入れ，住民参加を実質的なものとするための手法に応用できると考えている．

　北海道の北部，雨竜郡にある朱鞠内湖は，その集水域の大半が北海道大学北方生物圏フィールド科学センター雨龍研究林に属しており，森林の施業記録が100年にわたって存在している．また，森林から河川，湖沼に至る生態系の調査にとって，研究林の施設・設備を利用することができる．朱鞠内湖は，戦中に建設されたダム湖（雨竜第1ダム）であるが，現在顕在化した環境問題はな

く，豊かな森と水の自然の中で，釣りやキャンプなどのレクリエーションにも利用されている．以上のことから，朱鞠内湖集水域を調査環境に選定した．

2）調査の概要

　この調査は，2007年10～11月に実施された．調査対象住民は，日本にある109の一級水系をその人口密度，流路密度，森林率，農地率を用いたクラスター分析によって4つのグループに分け，それぞれのグループから2水系を選定し，その住民を調査対象者とした．なお，次世代アンケートで選定した水系は除外した．選定された水系は，雄物川，紀の川，常願寺川，物部川，菊川，鈴鹿川，鶴見川，大和川の8水系である．それぞれの水系に対して河川流路をその全長で4等分し，その最も上流および最も下流に位置する，流路を含むか流路に接する市区町村をそれぞれ「上流地域」「下流地域」として設定した．8水系それぞれに「上流地域」と「下流地域」が設定され，計16地域となった．各地域に対して，第1次抽出として，市区町村人口に比例して，20の調査地点を無作為抽出した．次に，第2次抽出として，調査地点ごとに満20～79歳の男女をそれぞれ20名ずつ無作為抽出した．抽出には，住民基本台帳ないし選挙人名簿を使用した．住民の抽出にあたり，該当する市区町村には，台帳・名簿の閲覧申請を行った．計画標本数は，地域ごとに400名であるが，後述するように2種類の調査（主調査と対照調査）を用いるため，800名の抽出が必要であった．しかしながら，紀の川水系上流地域（奈良県吉野郡川上村）と物部川水系上流地域（高知県香美市物部町）では，人口規模から800名の抽出は困難であると判断し，600名とした．その結果，抽出人数は，全体で12,400名となった．

　また，対象環境に最も近い北海道雨竜郡幌加内町の町民に対しても同様のシナリオアンケート（主調査のみ）を実施した．幌加内町住民基本台帳から289名を無作為抽出し，調査票を郵送した．

3）シナリオアンケートの設計に必要な手続き

　シナリオアンケートを設計・実施するためには，2つの手続きが必要である．
　手続き①：仮想的なインパクトに対する環境変化を予測する
　手続き②：予測された環境変化に対する人びとの価値評価を解析する

プロジェクトでは，手続き①を物質循環のシミュレーションモデルを軸とする「環境変動予測モデル」と自然科学的観測データや文献資料に基づいて実施することにした．また，手続き②は，手続き①で得られたいくつかの仮想的な環境変化のシナリオを元に，コンジョイント分析（選択型実験）で実施することにした．仮想的な環境変化のシナリオを人びとに提示することから，意識調査自体を「シナリオアンケート」と呼んでいる．「シナリオアンケート」とは，これら環境変動予測モデルと選択型実験を組みあわせた意識調査である．

このシナリオアンケートの調査票を設計するうえで重視したことは，仮想的なインパクトの影響が人びとの関心の高い環境の属性に対して及び，その属性の水準設定を科学的に行う，ということである．シナリオアンケートでは，取り上げる属性の選定を事前に行ったキーワードの解析結果を応用した（第3章3-3節）．そして，選定された属性がシナリオによってどういう水準になるのかは，環境変動予測モデルや観測結果（第4章4-6節）を用いて決定した．以下にその作業について説明する．

4）属性と水準の設定
ⅰ）属性の数

心理学の分野では，人が同時に処理できる情報の数は7 ± 2であることが知られており（Miller 1956），シナリオアンケートで用いるコンジョイント分析では，取り上げられる属性の数を6つ程度にすることが適当とされている（栗山・庄子 2005）．属性が多すぎるときは絞り込みが必要であるが，そのとき回答者の意思決定に影響を及ぼす重要な属性が排除されないように注意が必要である．栗山・庄子（2005）は，絞り込みの手法として，適切と考えられる属性を含めた事前調査（プリテスト）を行い，重要でなかったものを除いて本調査をするのが一般的としている．第3章で述べたキーワードに基づく属性の絞り込みは，このプリテストにかわるものとしてプロジェクトで考案し実施したものである．

第3章で紹介したように，自由記述形式のキーワードから，シナリオアンケートで取り上げる環境属性の絞り込みを行ったが，表3-1で示したように9個の候補があり，さらに集約するか割愛する必要があった．そこで，それぞれの

キーワードが持つ意味を考慮して集約することにした．

○森のキーワード
　①［遊びの場を提供する森］というキーワードには，植物の種類（数）や森の面積が関与し，森がレクリエーションの場ととらえられていると考えた．
　②［空気浄化機能のある森］は，植物の量と森の面積が関与している．記述の多かった森林浴とも関係が深いことからレクリエーションの場でもあると考えられるが，森林浴は次の快い情感に関係するものとした．
　③［快い情感の得られる景観］は，評価が難しいが，植物の種類（数）・量，また森の面積が関与しているであろう．また，快い情感は癒しの効果が期待されており，その意味で森がレクリエーションの場であると考えることにした．
　④［豊かな森］は，植物の種類（数）・量，森の面積にかかわると考えた．
　⑤［動物の住める森］は，本来動物の個体数や種類という環境要素で表現されるべきものであるが，ここでは，属性数の制約も考慮して，生息環境として必要な豊かな森と同義ととらえ，植物の種類（数）・量，森の面積にかかわると考えた．

○川・湖のキーワード
　①［水泳や水遊びのできる川・湖］は，水質や底質，沿岸帯の状況などにかかわるが，ここでは，水の濁りや植物プランクトンの量，レクリエーションに関係すると考えた．
　②［快い情感の得られる景観］は，水の濁りや植物プランクトンの量に関係すると考えた．
　③［釣りのできる川・湖］と④［魚の棲む川・湖］は同義と考えて，水の濁りや植物プランクトンの量，レクリエーションに関係すると考えた．

第3章では，「きれいな川・湖」「きたない川・湖」という水質に関連する見出し語句を選択せず，水質に関連する①～④を選択していたが，最終的な集約段階で復活することになった．

第5章　シナリオを使って人びとの環境意識を解きほぐす

森のキーワード

遊びの場を提供する森
空気をきれいにする森
快い情感の得られる森
豊かな森
動物の棲む森

環境属性

植物の種類・量
森の景観
レクリエーションの場
水の濁り
川や湖の水質

川・湖のキーワード

水泳・水遊びのできる川・湖
快い情感の得られる川・湖
釣りのできる川・湖
魚の棲む川・湖

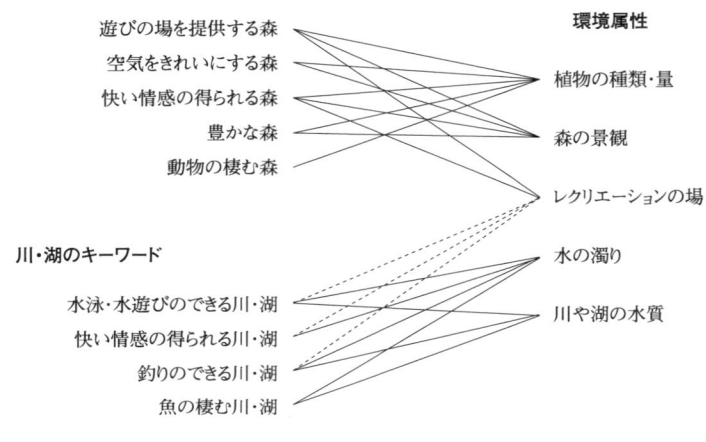

図5-1　キーワードと環境属性との関係

　図5-1に示したように，森と川・湖に関するキーワードを5つに集約した．これらをシナリオアンケートで取り扱う環境属性として採用することにした．『レクリエーションの場』は，森と川・湖両方の意味を持っており，内容的にひとつではありえない．そこで，シナリオアンケートでは，レクリエーションは森に限ることとし，「森林浴など」のレクリエーションに相当ものとした．川・湖のレクリエーションは，水遊びも魚釣りなどもすべて，水の濁りと植物プランクトンにかかわると考えることにした．

ⅱ）インパクトの種類の選定
　対象としているのは，朱鞠内湖集水域である．土地被覆・土地利用の観点から見ると，大きく森，川，湖と酪農地が含まれている．仮想的なインパクトは，これら4つの土地被覆・土地利用に与えることができ，また，さまざまな種類のインパクトを考えることが可能である．
　たとえば，森林伐採，道路建設，農地開拓／退耕還林，河川・湖の護岸工事，湖水位調節，堰堤破壊，魚放流・養殖，レジャー開発，畜産廃棄物処理施設建設，下水道完備，住宅建設などである．

プロジェクトでは，これらの中から森林伐採をインパクトとして選んだ．その理由は，

① 一般に，上流側へのインパクトは下流にも影響が及ぶが，下流側へのインパクトは上流には伝搬しない．流域は上下流を一貫するものとして管理する必要性が認識されつつある．
② 環境問題の中で，大きな問題となっている地球温暖化に関して，温室効果気体であるCO_2の吸収源として森林が注目されている．また，温暖化対策のうち，京都プロトコルによる日本のCO_2排出量削減6％（1990年比）のうち3.8％は森林に割り振られている．
③ 日本は，国土の3分の2が森林に覆われ，先進国では例を見ないほど森が豊かな国であるにもかかわらず，木材の自給率は20％に過ぎない．また，人工林は手入れがされずに荒れており，河川，沿岸環境に悪影響を及ぼしていると考えられている．

などである．森林伐採は今後の日本において現実的に取り組まねばならない環境施策の視野に入っており，林野庁が進めている「新生産システム」による間伐施業も具体的に実施されはじめている（たとえば，高知県仁淀川流域など）．このような状況から，日本においては伐採を含む森林の利用・管理には，大きな社会的要請があると考えられ，シナリオアンケートの仮想的インパクトとして取り上げるのに相応しいものと考えた．

iii）水準の設定

属性の水準については，水準数を増やすことで環境変動予測モデルの出力結果を詳細なシナリオとして表現できる．しかし，水準数を増やせばそれだけ水準に関する説明が必要となり回答者の負担が増大するため2水準とした．なお，実際のシナリオアンケートでは，水準の1を変化「小」，水準の2を変化「大」と表現することにした．表5-11に，属性の名称とインパクト時の変化の内容を示した．実際の調査票での表現としては，レクリエーションは「森林浴など」とし，水の濁りは「濁り水」を使うことにした．

第4章で述べた環境変動予測モデルの出力結果として，森林伐採計画23通りの環境変化のパターンが得られた．表4-2では，現在の状態を含めて24のパタ

表5-11 選定した5つの属性と仮想インパクトによる変化の内容

属性の名称	イラスト	変化の内容
「森の景観」		森林の面積の減少
「植物の種類と量」		伐採地の植物の種類と量の減少
「森林浴など」		森林浴などに使用できる森林面積の減少
「濁り水」	濁り水	川や湖で濁り水が発生する頻度の増加
「川や湖の水質」	水質	植物プランクトンの増加

ーンが示されている．これらのパターンを環境意識プロジェクトの自然科学系のメンバーが中心となって，変化の「大」と「小」に置き換えた．

各シナリオにおける水準の組み合わせを表5-12に示した．本来，5つの属性に対して2つの水準を設けた場合，シナリオとしては$2^5=32$通りできるはずであるが，対象地の現況による制約からインパクトの種類等で設定できるシナリオは23通り（インパクトなしの1シナリオを除外している）であった．さらに，環境の属性の間には相関があるため，すべての組み合わせが実現するわけではない．結果として，環境変動予測モデル等による変化予測から現実に起こりうると考えられるシナリオをさらに減ることになる．表5-12において各属性の水準の組み合わせ上，区別のつかないシナリオは，以下のとおりである．

（ⅰ）　シナリオ番号2，3，4，10，11，12
（ⅱ）　シナリオ番号5，6，7，14，15
（ⅲ）　シナリオ番号8，21，24
（ⅳ）　シナリオ番号9，22，23
（ⅴ）　シナリオ番号16，17
（ⅵ）　シナリオ番号18，19，20

したがって，異なる属性水準の組み合わせを持つシナリオは全部で7通り

表5-12 各シナリオにおける環境属性の水準

シナリオ番号	対象流域	流域面積 (km²)	伐採面積 (km²)	伐採樹種	環境属性の水準				
					森林の景観	植物の種類と量	レクリエーション	濁り水	川・湖の水質
1	無伐採								
2	ブトカマベツ	40.9	0.8	針葉樹	1	1	1	1	1
3	ブトカマベツ	40.9	0.8	広葉樹	1	1	1	1	1
4	ブトカマベツ	40.9	0.8	混交	1	1	1	1	1
5	ブトカマベツ	40.9	4	針葉樹	1	2	1	1	1
6	ブトカマベツ	40.9	4	広葉樹	1	2	1	1	1
7	ブトカマベツ	40.9	4	混交	1	2	1	1	1
8	ブトカマベツ	40.9	20	広葉樹	2	2	2	2	2
9	ブトカマベツ	40.9	20	混交	2	2	2	1	2
10	泥川	36.1	0.8	針葉樹	1	1	1	1	1
11	泥川	36.1	0.8	広葉樹	1	1	1	1	1
12	泥川	36.1	0.8	混交	1	1	1	1	1
13	泥川	36.1	4	針葉樹	1	2	1	2	1
14	泥川	36.1	4	広葉樹	1	2	1	1	1
15	泥川	36.1	4	混交	1	2	1	1	1
16	泥川	36.1	20	広葉樹	2	2	1	2	2
17	泥川	36.1	20	混交	2	2	1	2	2
18	赤石川	20.8	0.8	針葉樹	1	1	1	1	2
19	赤石川	20.8	0.8	広葉樹	1	1	1	1	2
20	赤石川	20.8	0.8	混交	1	1	1	1	2
21	赤石川	20.8	4	針葉樹	2	2	2	2	2
22	赤石川	20.8	4	広葉樹	2	2	2	1	2
23	赤石川	20.8	4	混交	2	2	2	1	2
24	赤石川	20.8	20	混交	2	2	2	2	2

(番号の若い順に並べると，2，5，8，9，13，16，18)になった．

5）選択型実験の設定

　シナリオアンケートでは，3つのシナリオを提示して，その中から最も望ましいと思うものを選んでもらう選択型実験のコンジョイント分析手法を応用した．表5-4で示したように，選択型実験は，回答しやすいという利点がある．シナリオアンケートは，5つの環境属性の変化をみてシナリオの良し悪しを評価してもらうものであるが，属性や水準の違いを回答者が理解することに大きな負担がかかることから，回答が最もしやすい選択型実験とすることにした．
　シナリオアンケートでは，シナリオ（プロファイルと同義）の設定にあたっ

て，環境変動予測モデルを使って自然科学的に環境変化のシナリオを作成しているので，環境変化として非現実的なシナリオはもともと含まれていない．これは，環境変動予測モデルを利用する利点のひとつであろう．ただし，コンジョイント分析を精度よく行うためには多くのシナリオを用意する必要があるが，この要求に対しては大きな制約となる．

選択型実験で提示する3つのシナリオの組み合わせの作成（プロファイルデザイン）は，直交配列法よりも効率良く部分効用値の推定が行える，D効率性基準を考慮して行った（栗山・庄子2005）．しかしながら，このD効率性基準を考慮したプロファイル設計は，統計的効率性を重視しているため，直交表によるデザインと同様に非現実的なシナリオがプロファイルに含まれる可能性がある．そこで，環境変動予測モデルの出力結果と整合性のある属性・水準の禁止ペア（属性間のありえない水準の組み合わせ）を求め，その禁止ペアに基づいて非現実的なシナリオを取り除いた選択型実験の質問を設計することにした．今回用いた5属性と2水準から生成される32通りのシナリオのうち，環境変動予測モデルの出力結果で生成しなかった25通りのシナリオについて，その属性と水準の組み合わせから，禁止ペアを求めると以下のとおりとなった．

①「景観変化」大&「植物の種類と量」小
②「景観変化」大&「水質」小
③「景観変化」小&「レクリエーション」大
④「景観変化」小，「植物の種類と量」小&「濁水」大
⑤「景観変化」小，「植物の種類と量」大&「水質」大
⑥「景観変化」大，「濁水小」&「森林浴」小

これらの禁止ペアのうち，④以外は自然科学的な判断として通常は起こりえないと考えられる組み合わせである．これに対して，④は起こりえるシナリオではあるが，濁水発生をもたらす渓畔林のみを伐採する計画となってしまい，現実の伐採施業を考えると非常に不自然であることから除外することにした．ただし，これらのありえない水準の組み合わせは，朱鞠内湖集水域という特定の環境において森林伐採という単一のインパクトを取り上げたためである．別の森林集水域を対象としたり，河川や湖沼に直接インパクトを与えるような計画と組み合わせた場合には，今回生成しなかったシナリオも実現しうるものと

表5-13 主調査で用いた8つの組み合わせ

プロファイル	代替案1					代替案2					代替案3				
	景観変化	植物の種類と量	レクリエーション	濁り水の発生	川・湖の水質変化	景観変化	植物の種類と量	レクリエーション	濁り水の発生	川・湖の水質変化	景観変化	植物の種類と量	レクリエーション	濁り水の発生	川・湖の水質変化
1	小	大	小	大	小	大	大	小	大	大	小	小	小	小	大
2	大	大	小	大	大	大	大	小	大	小	大	大	大	大	大
3	小	小	小	小	小	大	大	小	小	小	大	小	大	小	小
4	大	大	小	大	大	大	小	大	小	大	大	大	大	小	小
5	大	大	小	大	大	小	小	大	小	大	大	小	大	小	小
6	小	大	小	大	大	大	大	大	大	大	大	大	大	小	大
7	小	大	小	大	小	小	小	小	小	小	小	大	小	小	大
8	大	大	大	大	小	小	小	大	小	大	大	小	大	小

表5-14 対照調査で用いた8つの組み合わせ

プロファイル	代替案1					代替案2					代替案3				
	景観変化	植物の種類と量	レクリエーション	濁り水の発生	川・湖の水質変化	景観変化	植物の種類と量	レクリエーション	濁り水の発生	川・湖の水質変化	景観変化	植物の種類と量	レクリエーション	濁り水の発生	川・湖の水質変化
1	小	大	小	小	大	大	小	大	小	大	小	小	大	大	小
2	小	小	大	大	大	大	大	小	小	小	大	大	大	大	大
3	大	小	小	大	小	小	大	小	大	小	大	大	大	大	小
4	大	小	大	小	小	小	大	小	大	小	小	大	小	小	大
5	小	小	小	小	小	大	大	小	大	大	小	小	大	小	大
6	大	小	小	大	小	大	小	大	大	小	大	大	大	大	小
7	小	小	大	小	大	大	大	大	小	大	大	小	小	大	小
8	大	大	大	大	大	小	大	大	大	大	小	大	大	小	小

なる．

　禁止ペアを考慮しD効率性基準にしたがってデザインした結果を**表5-13**に示した．各質問は，3つのシナリオを提示し，中から最も望ましいシナリオを選択する形式で，各回答者には8つの組み合わせを提示することにした．この調査票を用いたシナリオアンケートを「主調査」と呼ぶことにする．

　この主調査に対して，シナリオの現実性が回答傾向に及ぼす影響を検討するために，禁止ペアを考慮せず32通りすべてのシナリオからD効率性基準によって選定した調査票も作成し（**表5-14**），同様のシナリオアンケート調査を実施することにした．これを「対照調査」と呼ぶことにする．

　主調査では，環境変動予測モデルの出力結果から現実に起こりうると予測されたプロファイルのみを回答者に評価してもらった．一方，対照調査では，環境変動予測モデルの出力結果とは矛盾する非現実的と考えられるプロファイルも回答者に評価してもらった．

　対照調査では，先に述べたように非現実的なシナリオがプロファイルに含まれるために回答意欲が低下する可能性があるが，その影響がどの程度であるかを実際の調査データとして得られるであろう．また，主調査の分析結果と比較することで，人びとの環境変化に対する選好をより詳細に解析することができるものと考えられる．たとえば，主調査と対照調査の結果として，人びとによって選好される属性の順番が一致する場合もあれば，一致しない場合も考えられる．一致した場合は，人びとは環境属性間を現実には相関があるということとは無関係に，自分にとっての重要性をそれぞれ個別に価値判断しているものと考えることができる．これが真実ならば，人びとが重視する環境属性を特定するという段階では，環境変動予測モデルを利用して制約を設けた環境変化のもとでのコンジョイント分析をする必要がないということになる．キーワードや関心事の調査などで，重視されている環境属性を推定することで環境アセスメントのスコーピングにメリハリを効かせることができ，環境影響評価を絞り込んだ項目について重点的に実施することが可能であろう．

　一方，両者の順位が異なった場合は，単独で環境属性の変化を価値判断することと，相関しているという現実の環境の中でそれぞれの環境属性を価値判断することとが異なることを意味し，複数の生態系から構成される環境に対する

問10 (1)

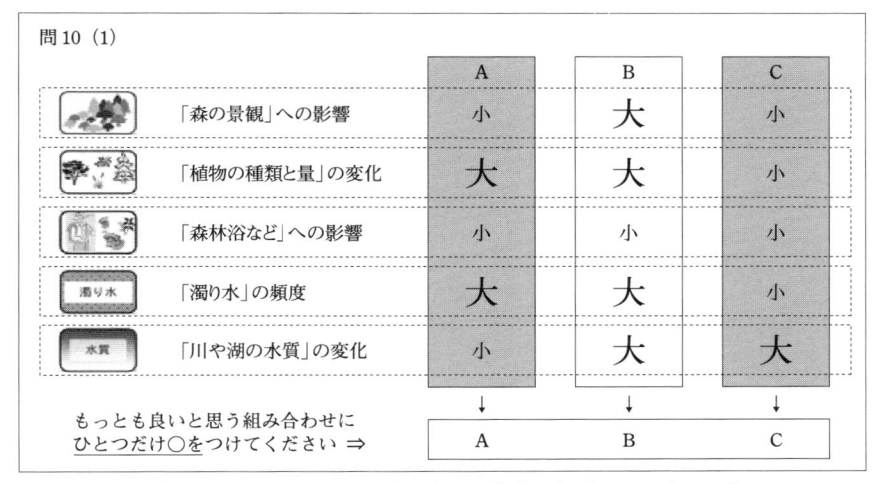

	A	B	C
「森の景観」への影響	小	大	小
「植物の種類と量」の変化	大	大	小
「森林浴など」への影響	小	小	小
「濁り水」の頻度	大	大	小
「川や湖の水質」の変化	小	大	大
もっとも良いと思う組み合わせにひとつだけ○をつけてください ⇒	A	B	C

図5-2 シナリオアンケートにおいて提示したプロファイルの例

環境変化インパクトへの意識調査のためには，環境変動予測モデルを使って起こり得る環境変化を情報として利用しなければならないことが示される．この場合，モデルの作成やシナリオアンケートの設計に手間暇がかかるが，解析の結果として，やはり，環境アセスメントのスコーピングにメリハリを効かせることにつながる．

いずれにしても，主調査と対照調査の2種類のコンジョイント分析によって，環境の属性と環境の価値判断との関係がより頑健なもの（単独で判断したものと相関を考慮したときとで変化がない）か，状況によって変わるもの（単独での選好順位と具体的な環境の中で相関がある状況下での選好順位とが異なる）なのかが判断できるであろう．

図5-2は，実際のシナリオアンケート調査票でのプロファイルの提示例である．環境属性の変化に関しては，質問の前に説明をしているが（総合地球環境学研究所研究プロジェクト「流域環境の質と環境意識の関係解明」（環境意識プロジェクト）編 2008），プロファイル提示にあたっては，識別しやすくするためにイラスト（表5-11参照）をつけて示している．

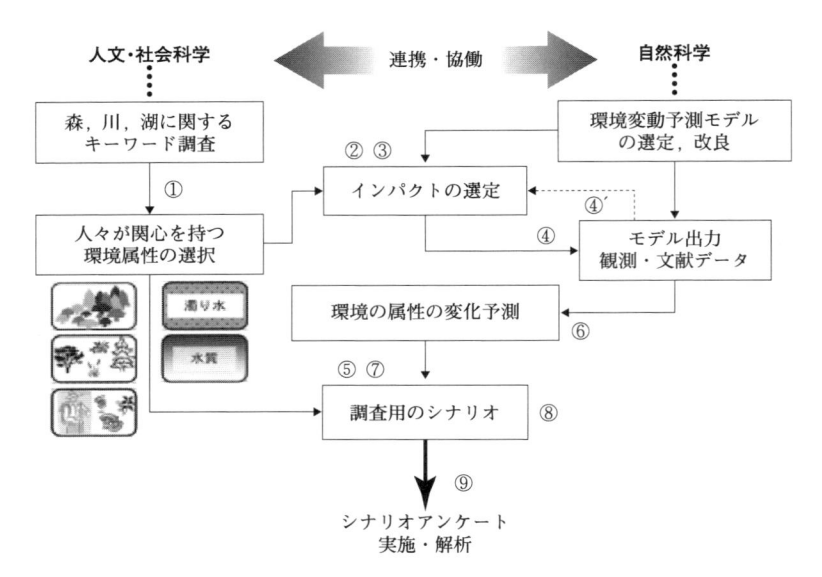

図5-3　シナリオ・アンケート調査の設計手順

6）シナリオアンケートの設計手順のまとめ
　実際の調査票作成においては，4）までに述べた手続きを順番に行えるわけではなかった．環境変動予測モデルによるシミュレーションの結果を見て，環境属性やその水準の設定方針を変更したり，環境の属性にかかわるデータを予測モデルで出力できるかどうかを検討してモデルの改良を試みたり，というように手続の間で情報のやりとりを頻繁に行う必要があった（図5-3）．これらは，人文社会科学分野と自然科学分野の間でのやりとりであり，分野間のことばの違いなど障壁も多かったが，シナリオアンケートはこれらの学問分野の協働なくしては実行しえなかった．
　図5-3にしたがってシナリオアンケートの設計・実施手順を述べると以下のとおりである．
　①流域（森林－河川－湖沼）環境について，人びとの関心が高いと思われる環境属性を選択する．
　②選択された環境の属性が変化する仮想的なインパクトを選定する．

③選択された環境属性と自然科学的に観測・予測可能な環境要素とを関係づける．
④環境変動予測モデル，観測値，文献値等を用いて，インパクトによって起こると考えられる環境の変化を予測する．
④′予測された環境要素の変化が小さい場合は，インパクトの選定をやり直す．
⑤環境属性について水準数をいくつにするかを決定する．
⑥環境要素の変化を環境の属性の水準として表す．
⑦起こりえない非現実的な水準の組み合わせを考慮してシナリオの組み合わせをデザインする．
⑧作成されたデザインを使ってシナリオアンケート調査票を作成する．
⑨アンケートを実施し，結果を解析する．
この中で，①については第3章で，④については第4章で解説している．

7）選択型実験の解析：森林集水域の環境属性と環境意識

シナリオアンケートは，2007年10～11月に実施した．回収率は，「主調査」で37.9％，「対照調査」で38.1％とほぼ同程度であった．地域別の回収率（主調査＋対照調査）は，**表5-15**に示した．回収された回答のうち，選択型実験の8つの組み合わせの質問すべてに回答した有効回答率は，主調査，対照調査ともに約70％であり，従来のコンジョイント分析調査での例（80～90％程度）に比べるとかなり低いものであった．選択型実験の説明や属性・水準が回答者にはわかりにくいものであったのかもしれない．

また，幌加内町住民を対象とした調査（禁止ペアありのシナリオによる選択型実験）では，回答者数163名（56.4％）でそのうち8組の質問すべてに回答した有効回答者は108名（回答者の66.3％）であった．

表5-15 シナリオ・アンケートの地域別回収率

河川名	雄物川	鶴見川	菊川	常願寺川	鈴鹿川	大和川	紀の川	物部川
上流地域	42％	36％	43％	39％	48％	37％	45％	38％
下流地域	43％	31％	38％	37％	31％	34％	33％	36％

表5-16 主調査（禁止ペアあり）と対照調査（禁止ペアなし）における部分効用値

環境属性	主調査 （禁止ペアあり）	対照調査 （禁止ペアなし）	幌加内町 （禁止ペアあり）
「森の景観」への影響	0.77**	−0.11*	0.67**
「植物の種類と量」の変化	−0.70**	−0.19**	−1.04**
「森林浴など」への影響	−0.29**	−0.046**	−0.23
「濁り水」の頻度	0.26**	−0.18**	−0.52**
「川や湖の水質」の変化	−1.00**	−0.29**	−1.60**

(注) ＊：5％有意，＊＊：1％有意．

ⅰ）環境属性の部分効用値

8つの選択質問すべてに回答していた有効回答を利用して，各属性の部分効用値を算出した．計算ソフトには，GAUSS 8.0（Aptech Systems Inc.）を使用した．

禁止ペアありのシナリオを使った主調査の場合，すべての属性に対して1％水準で有意な部分効用値が求められ，負値で絶対値が大きいものは，「川や湖の水質」の変化であり，その次に大きいものは，「植物の種類と量」の変化であった（表5-16）．「森林浴など」レクリエーションへの影響は3番目であった．「森の景観」への影響と「濁り水」の頻度は正の値と推定された．一方，禁止ペアを含まない対照調査では，すべての属性の部分効用値が負の値となった．すなわち，どの環境変化も望ましいとは考えられておらず，絶対値の順番で，「川や湖の水質」の変化がもっとも望ましくなく，ついで「植物の種類と量」が減ることを望んでいなかった．これらの順番については，禁止ペアありの場合と全く同じであった．禁止ペアの有無で最も顕著な違いは，森林景観の変化と濁水の発生であった（表5-16）．

流域の違いや上流・下流の間では，部分効用値の値に違いは見られたが，順番にはほとんど差が見られなかった．一方，幌加内町住民を対象とした調査（禁止ペアあり）結果は，水質の変化に関する部分効用値が最も大きな負の値であることは他の調査と同じであったが，濁水の発生頻度は負の値で，レクリエーションへの影響では有意な部分効用値が求まらなかった．濁水に関しては，幌加内町での聞き取り調査で，過去に国有林で森林が伐採されたときに，濁水が流れて困ったという話がたびたび聞かれた．このような過去の特定の経験が，

濁水の発生頻度への負の部分効用値となって現れたと見ることができる．また，第3章のキーワード解析では，幌加内町の住民には，森や川・湖に対してレクリエーションの場というイメージがない可能性が示唆されていたが，そのことが，レクリエーションへの影響について明確な選好にならなかった原因と思われる．幌加内町という狭い範囲の住民を対象とした場合，このような特定の経験などが，環境属性の評価に影響を与える可能性を示唆している．

　ⅱ) 環境属性の個別評価との比較

　シナリオアンケートでは，コンジョイント分析とは別に，同じ5つの属性について，個別にその重要性を質問した．すなわち，コンジョイント分析の質問をする前に，「伐採による環境への影響を考えるときにこれら5つの起こりうる環境変化に対する配慮を重要と思うか」という質問を「重要」「どちらかというと重要」「どちらともいえない」「どちらかといえば重要でない」「重要でない」の5つの選択肢（5件法）で尋ねた．

　「どちらかといえば重要」と「どちらかといえば重要でない」の回答をそれぞれ「重要」と「重要でない」の回答にまとめた結果を見ると，配慮が重要であると答えた割合は，「水質の変化」が最も高く91％，次に高いのが「濁り水の発生」で89％，以下，「植物の種類と量の減少」「森の景観の変化」と続き，「森林浴など」のレクリエーションへの影響は55％と最も低かった（図5-4）．幌加内町での調査では，「森林浴など」のレクリエーションへの影響が重要と答えた割合が72％と全国調査より高いことのほかは，あまり違いはなかった．

　この質問では，5つの環境変化をそれぞれ独立に重要性を尋ねており，コンジョイント分析のように，5つの属性がセットとなって提示されたときの評価とは異なる可能性があるが，「川や湖の水質」の変化を最も重要視していることについては，一致した結果が得られた．また，禁止ペアなしのコンジョイント分析の結果（表5-16）の結果と比較すると，「植物の種類と量の減少」と「濁り水の発生」の順番が入れ替わっているだけで，ほとんど同じであった．一方，禁止ペアありのコンジョイント分析の結果と比較した場合は，「森の景観の変化」と「濁り水の発生」の部分効用値が正である点で大きく異なっていた．

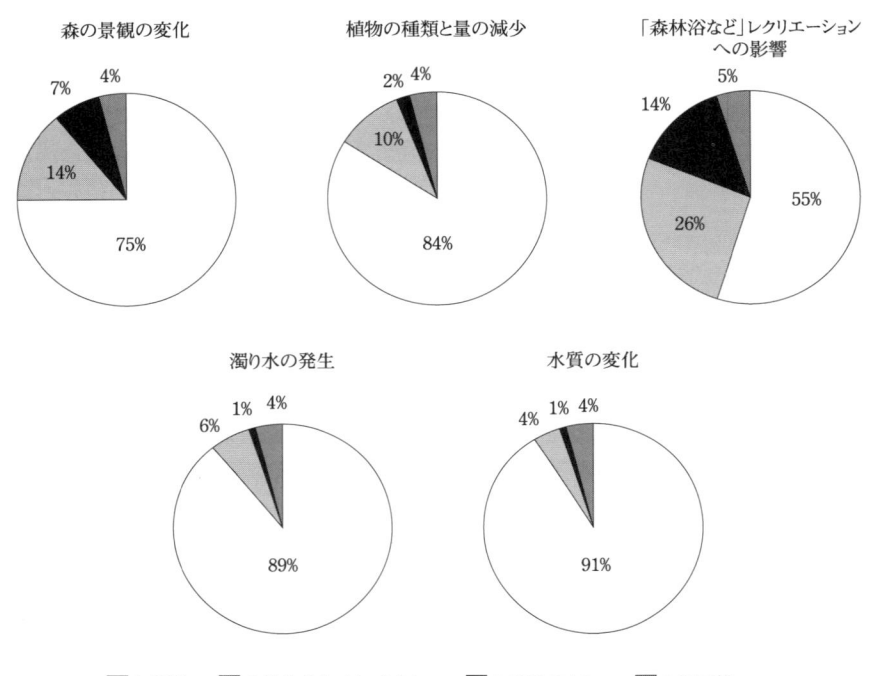

森の景観の変化／植物の種類と量の減少／「森林浴など」レクリエーションへの影響

森の景観の変化: 75% / 14% / 7% / 4%
植物の種類と量の減少: 84% / 10% / 2% / 4%
「森林浴など」レクリエーションへの影響: 55% / 26% / 14% / 5%
濁り水の発生: 89% / 6% / 1% / 4%
水質の変化: 91% / 4% / 1% / 4%

□：重要, ▨：どちらともいえない, ■：重要でない, ▪：無回答

図5-4 伐採による影響で起こりうる環境変化に対する配慮の重要性

　以上，5つの環境変化に対する配慮の重要性を個別（独立）に尋ねた場合と，禁止ペアなしのプロファイルデザインを用いたコンジョイント分析による選択型実験とでは，ほとんど同じ結果が得られた（表5-16と図5-4）．禁止ペアなしの選択型実験では，属性間の相関がないプロファイルが提示されるため，回答者は個別に属性を評価した場合と同じ応答ができたものと考えることができる．一方，禁止ペアありの選択型実験の場合は，属性間に相関があるため，独立して属性を評価することができない．その場合，より重視する属性の水準を目安にシナリオを評価するために，他の属性の部分効用値が大きく異なる結果となるのではないだろうか．具体的な環境施策による環境影響に対する住民の社会的影響評価を把握するうえで，自然科学的予測に基づくシナリオを用いた環境意識調査は有効であると考えられるが，環境属性間に存在する相関関係につい

ては慎重な分析が必要である．今後，多数の事例解析を蓄積していかなければならない．

iii) 部分効用値の推定における注意点

コンジョイント分析では，すべてのプロファイルに回答しなかった回答者のデータは使用できないため，有効回答数が減ってしまい，部分効用値に対して有意な分析結果を得られない可能性があり，調査標本数の設定などに留意する必要がある．また，調査対象となった人の中に，属性の水準の意味を取り違えている人がいた場合，部分効用値の推定に影響が出る可能性がある．この可能性を排除するためには，属性の説明を詳しくすることが有用であるが，詳しくし過ぎると回答意欲を削ぎかねないという問題がある．そのため，プリテストによって誤認の可能性をあらかじめチェックしておく必要がある．水準誤認回避と有効回答数確保のトレードオフは慎重に考慮すべき課題である．今回実施したシナリオアンケートでは，事前の予備調査が実施できず，調査票における環境変化の属性と水準の説明が不十分だった可能性があり，有効回答の割合が7割程度と通常のコンジョイント分析のアンケート調査より低かった．そのことから，有効回答の中にも，水準を誤認して回答している可能性があった．そこで，以下のようにして誤認の影響を評価した．

主調査で使用した禁止ペアありのプロファイルデザインの場合，使用できるシナリオが7つに制約されているため，3つのシナリオを提示する場合，他の2つのシナリオに対して5つの属性のうちの少なくともひとつの水準が劣っており，その他の属性の水準が同じであるシナリオ（被支配プロファイルと呼ぶ）が含まれる可能性がある．今回のシナリオアンケートでは，8つの質問中6つに被支配プロファイルが含まれていた．被支配プロファイルが含まれることはコンジョイント分析による部分効用値の精度良い推定にとって不利であるが，自然科学的予測として現実的に起こりうるシナリオのみを使うという制約のためであり，避けがたいものでもある．

この被支配プロファイルは，どの属性を見ても他のシナリオより環境影響が大きいシナリオとなっており，環境影響の小さい方が効用値が高いのが一般的と考えるならば，選択されないはずのシナリオである．したがって，この「被

表 5-17 被支配プロファイル選択数による部分効用値の変化

被支配プロファイル選択数	0	1	2	3	4	5	6
属性							
「森の景観」への影響	−0.75**	−0.52**	−0.18**	0.26**	0.56**	0.77**	0.77**
「植物の種類と量」の変化	−1.82**	−1.48**	−1.17**	−1.00**	−0.88**	−0.76**	−0.70**
「森林浴など」への影響	−0.22*	−0.38**	−0.46**	−0.50**	−0.49**	−0.44**	−0.29**
「濁り水」の頻度	−1.99**	−1.54**	−1.10**	−0.67**	−0.33**	0.03	0.26**
「川や湖の水質」の変化	−3.02**	−2.47**	−1.98**	−1.65**	−1.43**	−1.18**	−1.00**
累積回答者数	846	958	1071	1201	1339	1538	1696

(注) 被支配プロファイルを0から6つまで選択した回答者を順次累積して部分効用値を推定した.
*：$p<0.05$, **：$p<0.01$.

支配プロファイル」を数多く選択している回答者は，水準を誤認（「大」の方が環境影響が好ましいと認識）している可能性がある．2つ以下しか被支配プロファイルを選択しなかった回答者では，5つの属性全ての部分効用値が負の値であった（**表5-17**）．

しかしながら，「森の景観」への影響の部分効用値は，「森林浴など」のレクリエーションへの影響と並んで絶対値が小さく，他の環境変化と比べて，選好されていないことが示唆された．したがって，このシナリオアンケートにおいて，各属性の水準を誤認した回答者が含まれている可能性は否定できないが，森林伐採による流域環境への影響のうち，川や湖の水質が変化することを最も懸念し，森林景観の変化は受容される可能性の高いものと推定された．水質への高い選好は，5-1節の(3)で紹介した達古武沼の自然再生に関して調査した結果でも見られており（三谷2007），流域に関する日本人の一般的な環境意識かもしれない．

iv）代替案の支持率推定

部分効用値を使って，各シナリオを代替案としてそれらの支持率を推定することが可能である．この場合，コンジョイントによる選択実験に使用したシナリオだけでなく，あらゆる水準の組み合わせを持ったシナリオの支持率を比較することが可能である．計算方法の詳細は成書に譲るが，施策評価を目的とした意識調査の場合には，支持率推定が有効である．コンジョイント分析の結果

表 5-18　各代替案に対して推定された支持率

属　性	代替案1	代替案2	代替案3	代替案4	代替案5	代替案6	代替案7
「森の景観」への影響	小	大	小	小	大	大	小
「植物の種類と量」の変化	大	大	小	大	大	大	小
「森林浴など」への影響	小	小	小	小	大	大	小
「濁り水」の頻度	大	大	小	小	小	大	小
「川や湖の水質」の変化	小	大	大	小	大	大	小
支持率	16.1%	10.5%	10.4%	15.7%	6.7%	6.3%	33.7%
支持順位	2	4	5	3	7	6	1

を用いて，各代替案の支持率を推定することが可能である．表5-18には，禁止ペアありのプロファイルデザインで用いた7つの代替案についての支持率を示した．

　すべての環境変化が「小」である代替案7の支持率が最も高いことは当然であろうが，川・湖の水質変化が小さい代替案1，4の支持率が比較的高いことがわかる．これは，人びとが水質の変化を一番懸念にしている（好まない）という，部分効用値の解析結果を反映したものである．

　今回のシナリオアンケートでは，具体的な施策を対象としたものではないので，このような支持率の推定値自体にあまり意味はない．しかし，施策案を立案する過程での議論，特に住民参加の場面では有益な情報を提示できるであろう．

　5-2節(1)の4）で示したように，属性の水準の組み合わせにおいて区別できない複数のシナリオ（代替案）が存在している．これらを別々のシナリオとして扱うと，環境属性の変化からの区別はできないので，非専門家である一般住民の選好を聴取することは難しい．その前段階として，ここで示されたような支持率の高いいくつかのシナリオに絞ったうえで，同じ環境変化を与える代替案を評価するという手順をとれば，住民の参加もより容易になるであろう．

(2)　人工林伐採計画案に対するコンジョイント分析

　「次世代アンケート」では，人工林を伐採するときの施業計画として，どのような規模・手法・場所・後施業をする施業計画を人びとは良いあるいは悪い

と評価するかを調査することを目的とした．この調査により，森林伐採のやり方の中で，人びとが気にかけているものを明らかにすることができると考えた．

1）調査の概要

この調査は，2007年2〜3月に実施された．調査対象住民は，日本にある109の一級水系をその人口密度，流路密度，森林率，農地率を用いたクラスター分析によって4つのグループに分け，それぞれのグループから2水系を無作為に選定し，その流域の住民を調査対象者とした．選定した水系は，石狩川，釧路川，櫛田川，佐波川，利根川，嘉瀬川，荒川，庄内川の8水系である．それぞれの水系に対して河川流路をその全長（支流は含まない）で4等分し，その最も上流および最も下流に位置する，流路を含むか流路に接する市区町村をそれぞれ「上流地域」「下流地域」として設定した．8水系それぞれに「上流地域」と「下流地域」が設定され，計16地域となった．各地域に対して，第1次抽出として，市区町村人口に比例して，20の調査地点を無作為抽出した．次に，第2次抽出として，調査地点ごとに満20〜79歳の男女をそれぞれ20名ずつ無作為抽出した．抽出には，住民基本台帳ないし選挙人名簿を使用した．住民の抽出にあたり，該当する市区町村には，台帳・名簿の閲覧申請を行った．計画標本数は，地域ごとに400名，全体で6,400名である．

2）シナリオの設定

次世代アンケートでは，人工林伐採計画の属性として次に挙げる4属性を取り上げ，それぞれの内容として2つの水準を設けた．属性の選定にあたっては，「環境意識プロジェクト」にかかわっている自然科学者と社会科学者数名ずつが森林伐採を行う場合に人びとが気にかける項目について検討し，4つの属性に絞り込んだうえで，2水準を設定した．図5-5では，アンケートの調査票で使用した属性を丸囲み番号で，その水準を「　」内の太字で示しており，それらを表す図案も示した．

属性①は，伐採の場所に関する属性で，「人里」の近くと「奥山」の2水準を設定した．これは，伐採地がよく見える場所か，見えない場所かによって，伐採計画への賛否が異なると考えたものである．属性②は，伐採候補地のうち，

属性①：伐採する森林の候補地
水準１：「人里」（人里近く）　　　　水準２：「奥山」（人里から離れたところ）

属性②：候補地のうち伐る対象の面積は何％か
水準１：　候補地の「50％」　　　　水準２：候補地の「10％」を対象とする

属性③：伐採の方法
水準１：すべての木を伐る「皆伐」　水準２：５本に１本の「抜き伐り」

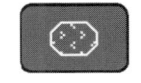

属性④：伐採後の施業
水準１：苗木を「植える」案　　　　水準２：「植えない」でその場にある種から生育させる案

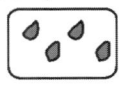

図 5-5　「次世代アンケート」で設定した森林伐採計画にかかわる属性と水準

どの程度の面積を伐採するのかというもので，「50％」と「10％」の２水準を設定した．属性③の伐採方法にもよるが，50％は環境影響が大きいと予想される伐採であり，10％では影響がほとんどないと考えられるレベルの伐採である．属性③は，伐採の方法で，対象となった場所のすべての木を伐ってしまう「皆伐」と５本に１本の割合で伐る「抜き伐り」の２水準を設けた．この「抜き伐り」は，林業用語の「択伐」に相当するものである．「皆伐」に関しては，一般の人びとでも漢字からほぼ意味が理解できると判断されるが，「択伐」の場合はやや難しいと判断して「抜き伐り」という平易な言葉を使うことにした．属性④は，伐採後に植栽するか否かに関するもので，「植える」と「植えない」の２水準を設けた．「植える」案は，引き続き人工林にするという計画であり，「植えない」案は，その場にある種あるいは外部から運ばれてきた種から生育するため，伐採後は二次林になるという計画案である．

４属性２水準の森林伐採計画は，計16通りの計画案（シナリオ）が作成できる．これら４種の属性はお互いに独立である（ある属性の水準は他の属性の水準

表5-19 人工林伐採計画の選択実験で用いた計画案（シナリオ）

計画案	候補地	面積	方法	後施業
1	人里	10%	皆伐	植えない
2	奥山	50%	皆伐	植える
3	人里	10%	皆伐	植える
4	人里	50%	抜き伐り	植える
5	奥山	50%	皆伐	植えない
6	奥山	10%	抜き伐り	植える
7	人里	50%	抜き伐り	植えない
8	奥山	10%	抜き伐り	植えない

如何にかかわらず自由に設定できる）ため，どのシナリオを用いてもよいが，解析結果が統計的な有意差を担保しつつ，回答者の負担を少なくすることが，実際の調査では必要である．そこで，菅（2006）を参考にして，全16通りのシナリオから，直交配列法（表5-5参照）によって8種類のシナリオを選び出した（表5-19）．

回答者には，これら8つの計画案それぞれについて，「よい」「どちらかといえばよい」「どちらともいえない」「どちらかといえばわるい」「わるい」の5つの選択肢（5件法）で評価してもらった．すなわち，完全プロファイル評定型（表5-4参照）のコンジョイント分析調査を行った．

3）伐採計画に対する人びとの評価と意識

表5-20は，「どちらかといえばよい」を「よい」に，「どちらかといえばわるい」を「わるい」に分類し，回答割合を算出したものである．「よい」という割合が高い伐採計画案がすべて「植える」後施業を含んでいることがわかる．場所・面積・方法に関しては，「よい」という回答割合との間で明確な傾向が見られなかった．

コンジョイント分析による統計解析を行い，4つの属性に対する部分効用値を求めると表5-21のようになった．部分効用値から見て，回答者が1番重視しているのは後施業であり，「植える」が選好されていることがわかった．また，2番目は伐る方法で「抜き伐り」が，3番目は面積「10%」，4番目が場所で「奥山」が選好されていた．最も選好される計画案は，「奥山を対象としてその

表 5-20　人工林伐採計画の選択実験の結果

場所	伐採計画案 面積	方法	後施業	よい	どちらともいえない	わるい
奥山	10%	抜き伐り	植える	60%	27%	13%
人里	10%	皆伐	植える	47%	34%	19%
人里	50%	抜き伐り	植える	47%	33%	20%
奥山	50%	皆伐	植える	41%	28%	31%
奥山	10%	抜き伐り	植えない	35%	29%	35%
奥山	50%	抜き伐り	植えない	22%	28%	50%
人里	10%	皆伐	植えない	22%	24%	54%
奥山	50%	皆伐	植えない	11%	22%	67%

表 5-21　森林伐採計画に関わる 4 つの属性の部分効用値

属性	部分効用値*	標準偏差
場所「奥山」	0.01	0.24
面積「10%」	0.33	0.32
方法「抜き伐り」	0.41	0.45
後施業「植える」	0.86	0.94

(注)　*属性を潜在変数としたときの平均値．

10%で択伐施業をした後，苗木を植える」という計画である．なお，場所の「奥山」の部分効用値は，0.01と他の属性に比べて非常に小さいうえに標準偏差が相対的に大きいことから，回答者間で意見が大きく異なっていることが示唆された．

　この調査では，森林伐採の目的，「木材自給率の向上」，「森林環境の保全」，「地球温暖化防止」の 3 つに対する各回答者の賛否も尋ねている（図5-6）．結果として，伐採は環境にとって悪いことであるという反対意見を持っている人はかなり少数であることがわかったが，森林伐採してもいいと思う人の割合は，「森林環境の保全」と「地球温暖化防止」を目的とした場合は90%以上であったが，「木材自給率の向上」が目的の場合は72%とやや少なかった．

　さて，このような，伐採目的への賛否は，森林を伐採方法に関して，何らかの関係はないだろうか．部分効用値の個人差を解析することができる構造方程式モデリング（小島 2003，豊田 2007などを参照のこと）を用いて，森林伐採の目的に対する賛否とコンジョイント分析の属性の部分効用値との相関を個人ベー

図5-6 森林伐採の目的別賛否

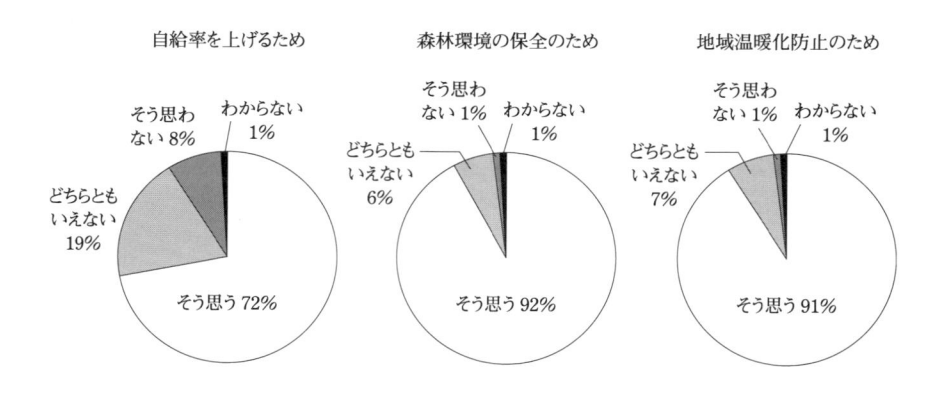

自給率を上げるため: そう思う72%、どちらともいえない19%、そう思わない8%、わからない1%

森林環境の保全のため: そう思う92%、どちらともいえない6%、そう思わない1%、わからない1%

地域温暖化防止のため: そう思う91%、どちらともいえない7%、そう思わない1%、わからない1%

□:そう思う, :どちらともいえない, :そう思わない, ■:わからない

スで解析した．その結果，以下のことが示唆された．

- 伐採場所「奥山」と伐採目的「木材自給率の向上」との間に有意な負の相関関係（$p<0.01$）があった．このことは，木材自給率向上のために森林を伐採することに賛成する人ほど，人里近くでの伐採に肯定的であることを示している．一方で，自給率向上のための森林伐採に賛成しない人は，「奥山」での伐採を選好していることになる．この2つの考え方を持つ集団が存在していることが，伐採場所の部分効用値を最少にし，また標準偏差を大きくしていたことが示唆された．

- 伐る方法「抜き伐り」と後施業「植える」は，「森林環境保全」と「地球温暖化防止」のための伐採と正の相関関係があった．すなわち，環境保全と関連した森林伐採目的に賛成する人は，皆伐よりも一部だけ伐採する択伐を選好し，植林が必要であると考えていることが示唆された．択伐により伐採跡地からの土砂などの流出を抑えるとともに，植栽することで速やかな森林環境の回復を図ることができると判断してのものと考えられる．

（吉岡崇仁・松川太一・前川英城・栗山浩一）

引用文献

Hanley, N., R. E. Wright and B. Alvarez-Farizo (2006) Estimating the economic value of improvements in river ecology using choice experiments: an application to the water framework directive, Journal of Environmental Management, 78, pp. 183-193.

稲葉陸太 (2001) 環境改善技術導入に伴なう多側面の環境影響の統合的評価手法の構築と適用，東京大学大学院工学系研究科都市工学専攻博士論文.

菅民郎 (2006) Excel で学ぶ多変量解析入門，オーム社.

小島隆矢 (2003) Excel で学ぶ共分散構造分析とグラフィカルモデリング，オーム社.

Krieger, D. J. (2001) Economic value of forest ecosystem services: A review, The Wilderness Society, Washington DC, pp. 30 (with 7-page executive summary).

栗山浩一 (1998) 環境の価値と評価手法—CVM による経済評価，北海道大学図書刊行会.

栗山浩一 (2000) 図解 環境評価と環境会計，日本評論社.

栗山浩一・庄子康編 (2005) 環境と観光の経済評価：国立公園の維持と管理，勁草書房.

Miller, G. A. (1956) The magical number seven, plus or minus two: Some limits on our capacity, for processing information, Psychological Review, 63, pp. 81-97.

三谷洋平 (2007) 選択型実験による湖沼生態系の経済的評価と選好の多様性の把握：釧路湿原達古武沼における自然再生を事例として，高村典子編，環境省環境技術開発等推進費平成18年度報告書「健全な湖沼生態系再生のための新しい湖沼管理評価軸の開発」，独立行政法人国立環境研究所, pp. 87-121.

Mitani, Y., Y. Shoji and K. Kuriyama (2008) Estimating economic values of vegetation restoration with choice experiments: a case study of an endangered species in Lake Kasumigaura, Japan, Landscape and Ecological Engineering, 4, pp. 103-113.

斉藤友則・木庭啓介・酒井徹朗・亀田佳代子・吉岡崇仁 (2002) コンジョイント分析を用いた野生動物問題に対する仮想的対策事前評価—滋賀県琵琶湖におけるカワウ問題を事例として—，日本評価学会誌, 2, pp.79-90.

総合地球環境学研究所研究プロジェクト「流域環境の質と環境意識の関係解明」(環境意識プロジェクト) 編 (2008a) 次世代に向けた森林の利用に関する意識調査 (ISBN978-4-902325-26-3).

総合地球環境学研究所研究プロジェクト「流域環境の質と環境意識の関係解明」(環境意識プロジェクト) 編 (2008b) 森，川，湖の環境に関する意識調査, (ISBN 978-4-902325-25-6).

豊田秀樹 (2007) 共分散構造分析 [Amos 編]，東京図書株式会社.

鷲田豊明 (1999) 環境評価入門，勁草書房.

Wilson, M. A. and S. R. Carpenter (1999) Economic valuation of freshwater ecosystem services in the United States: 1971-1997, Ecological Applications, 9, pp. 772-783.

吉岡崇仁 (2002) 環境の評価に対する自然科学の役害 環境研究における自然科学と人文・社会学の融合への提言，岩波「科学」, 72, pp. 940-947.

第6章　住民会議で環境の将来像をデザインする

　この章では，環境変化のシナリオに基づいて環境の将来像をデザインする住民会議の設計について述べる．環境変化のシナリオとは，その環境が将来どのように開発・保全され，どのような状態になるかを予測したものである．環境変化のシナリオは，多様な当事者の環境意識（第1，3，5章参照）やその地域の環境計画，および，環境変動についての科学的予測（第4章参照）をふまえて作成される．この章の住民会議は，住民が，環境変化のシナリオを手がかりとしつつ，専門家の支援を受けて，地域の自然環境の将来をデザインする会議として設計し，実施した．以下，環境デザインにおける住民参加について手短にレヴューし，住民会議の設計について詳しく説明する．次に，実施結果をふまえて，住民会議設計のポイントを，特に専門家の関与に焦点を当てて述べる．

6-1　環境デザインにおける住民参加の手法

　地域の自然環境の将来をより良くデザインしていくためには，その環境に暮らす住民と，環境の専門家との共同が不可欠である．どの環境も，固有の歴史と文化に彩られた具体的な環境である．その具体的な環境を，専門家は専門用語（科学的言語）を用いて抽象し，他方，住民は各々の関心や関与のあり方に即して日常語を用いて抽象している．従来，住民と専門家の共同は，後者の専門用語（によって得られる知識）を前者にわかりやすく伝える形で行われてきた．しかし，今日の環境デザインにおいては，さらに進んだ形で住民と専門家が共同することが求められている（藤垣 2003参照）．すなわち，住民と専門家がそれぞれのやり方で抽象して表現している環境像を，対話を通じてひとつの具

体的な将来像へと上向させる作業が求められている．

　その背景には2つの認識の変化がある．ひとつは，環境デザインの主体についての認識の変化である．従来，環境デザインの主体は，まちづくりの分野などと同様，もっぱら行政や企業であり，住民はそれにしたがう受動的な立場とされていた．ときには住民が行政や企業にクレイムを申し立てる場合もあったが，それも行政や企業が立てた計画を前提としてのことであった．しかし，ゆたかな社会の到来に伴い，量的拡大や経済効率重視の論理が説得力を失い，価値観の多様性や地域の個性が重視されるようになった．環境デザインにおいても，行政主導，企業主導の環境デザインが色褪せて見えるようになり，住民が自分たちの住む環境（の将来）を積極的に考え，行動することに価値が置かれるようになった．

　もうひとつは，科学と社会の関係についての認識の変化である．従来は，さまざまな課題に対して，科学こそが客観的で正しい回答を与えることができるという信憑があった．しかし，現代においては科学が社会に不可避的にリスクをもたらすという認識と相まって，科学だけで答えを出すことのできないトランスサイエンティフィックな問題群の存在が重視されるようになった．環境デザインに関しても，自然環境に手を加えれば，周辺の環境に複雑な波及的（悪）影響がもたらされるから，それについての科学的評価（環境アセスメント）は欠かせない．しかし，環境をどのように開発し，あるいは保全することが望ましいかは，トランスサイエンティフィックな問題の典型であり，科学的合理性だけでなく社会的合理性が担保されなければならない．そこでクローズアップされるのが住民参加というわけだ．

　環境デザインにおける住民参加の重要性は，理念のレベルではもはや常識といってよいが，十分に実現しているとは言い難い．たとえば，わが国で1997年に制定された環境影響評価法（1999年施行）では，環境に大きく影響を及ぼすおそれがある事業について，環境アセスメントを義務づけたうえで，アセスメントの方法や結果を住民に公表し，それに対する住民の意見を事業に反映させることとされている．しかし現実には，事業計画が固まり，代替案も示さない状態で住民の意見を聞いても，事業計画には実質的な影響を持たないとする批判は根強いし（しばしばアワセメントと揶揄される），そもそも住民に提示され

る情報（環境影響評価方法書，環境影響評価準備書）がきわめて大部かつ難解であり，実質的には一般の住民に開かれていないとする批判の声も大きい．

そのような中，最近，実質的な住民参加の手法がさまざまに開発され実施されている（Rowe and Frewer 2000; Horelli 2002; 高橋 2000a, 2000b）．それとともに，住民参加をいかに実質的なものにするかが課題となっており，住民参加の質を評価するための基準が提案されている（Rowe and Frewer 2004 のレビューを参照）．その嚆矢が Webler（1995）である．ウェブラーは，ハーバーマスとグライスの議論を敷衍し，市民参加型会議における対話の質を評価する基準として，公正さ（Fairness）と実効性（Competence）を提唱している．

Rowe and Frewer（2000）は，関連する先行研究をふまえて，Webler（1995）の2つの基準をより一般化する形で，公的受容（Acceptance）と過程（Process）の2つの基準を提唱している．公的受容の基準とは，住民参加手法の設計やその結果が社会的に受容可能なものであるかどうかの基準である．具体的には，その手法への直接的参加者が当事者全体を代表しているかどうか，手法の運営が中立を保っているかどうか，公衆参加が計画の初期段階から組み込まれているかどうか，手法から得られた結果が政策決定に影響を持つかどうか，手法の設計や運営が透明性を保っているか，の5つの下位基準からなる．過程の基準とは，参加者の意見を十分に反映し，合意可能な妥当な結論を導くことができるように，手法が設計されているかどうかの基準である．具体的には，参加者に必要なリソースが提供されているかどうか，課題が明確であるかどうか，意思決定のプロセスが十分に構造化されているかどうか，手法の実施がそのコストに見合ったものであるかどうか，の4つの下位基準からなる．

このうち特に過程の基準を満たすような環境デザインの住民会議を設計するには，相互に関連する次の2つの条件が必要と考えられる．第1に，参加者の環境意識，すなわち，環境への関心や将来への期待を十分に掘り起こし，集約する仕組みが備わっている必要がある．すなわち，参加者があらかじめ持っている環境意識を単にまとめるのではなく，既有の環境意識の変化や深化，新たな環境意識の創発を促し，それらを参加者間で集約的に共有するための仕組みが必要である．第2に，環境の専門家が適切に関与する仕組みが備わっている必要がある．環境をどのように保全するにせよ利用するにせよ，今ある環境に

手を入れることになれば，環境影響が生じる．環境の専門家は，住民参加者が描く将来像の実現に随伴する，環境への（悪）影響を科学的に予測したり，複数の将来像の間に存在するトレードオフ関係を指摘したりすることを通じて，参加者たちがより現実的で具体性のある環境の将来像を描いていくことに貢献できる．専門家の関与は，同時に，参加者の既有の環境意識にも影響を与えうる．

6-2　住民会議の設計

(1) シナリオワークショップについて

　住民会議は，住民たちが専門家を活用しつつ自然環境の将来をデザインする会議として，シナリオワークショップをもとに設計した．その理由は次の3点である．第1に，上述の第1の条件を満たすための会議設計は，十分な情報提供に基づく議論の土台づくり，自由な議論による発散（創発），適切な方法による収束（集約）の3段階からなるものとされている．シナリオワークショップは，これら各段階におけるマテリアルや作業が定型化されており，効率的な作業を展開できる．第2に，シナリオワークショップは，グループ別会議を軸に展開するため，専門家の配置や関与の仕方を工夫しやすい．第3に，環境の将来シナリオに基づいて議論を展開していくシナリオワークショップは，環境についての専門的知見と住民の環境意識を環境変化のシナリオを介してつなごうとする，環境意識プロジェクトの方針と親和的である．

　以下，シナリオワークショップについて，平川（2002）を参考にしつつ，やや詳しく説明しておこう．シナリオワークショップは，ある地域社会の未来について，利害や関心がさまざまに異なる当事者たちが共有できるヴィジョンと，それを実現するための行動プランを策定するための会議手法である．シナリオワークショップの名称は，ターゲットとなる地域社会について，ある技術を用いたり，ある開発を実施した結果，どのような社会的影響が生じ，どのような未来になるかを予測した「シナリオ」を出発点にして，当事者たちによる討議を重ねていくことに由来する．取り組むべきひとつの共通の課題について，当事者たちに合意があるようなトピックを扱うのに特に適している．

シナリオワークショップは，もともと，デンマークのDanish Board of Technology（DBT）により開発された．以下の説明は，DBTのオリジナル版に依拠している．ただし，シナリオワークショップは，わが国も含め，各国各地で実施されているが，その場合には対象ケースの特徴や制約条件によって，多かれ少なかれ改変を施したうえで実施されることが多い．なお，日本における実施例としては，「三番瀬の未来を考えるシナリオ・ワークショップ」（「三番瀬の未来像を考えるシナリオ・ワークショップ」事務局 2003）が知られている．

シナリオワークショップは，通常，2日間かけて実施される．その構成は，主催者によるシナリオ作成に始まり，ワークショップ本体は，「批評フェーズ（Criticism Phase）」，「ヴィジョンフェーズ（Vision Phase）」（以上，役割別ワークショップ），「現実フェーズ（Reality Phase）」，「行動プランフェーズ（Action Plan Phase）」（以上，混成ワークショップ）の4フェーズからなる．

ワークショップ本体の前半は，参加者を役割や属性ごとのグループに分けて作業を行う，役割別ワークショップである．その前半に行われる批評フェーズでは，それぞれのグループの立場から，4つのシナリオに対する批評を行う．この批評フェーズが，後続するフェーズの議論の質を決めるとされる．後半のヴィジョンフェーズでは，批評の論点を参考にしつつ，望ましい将来像としての「ヴィジョン」を，グループごとに作成する．各グループから提出されたヴィジョンを絞り込み，選ばれた比較的少数のヴィジョンを，次の現実フェーズでの検討対象とする．

ワークショップ本体の後半は，それまで役割別に分かれていたグループを解体し，すべての立場が一緒になって議論を行う，混成ワークショップである．まず現実フェーズでは，ヴィジョンフェーズで選択されたヴィジョンについて，他の立場の利害関心や，その実現にあたって考慮しなければならないさまざまな条件（物理的・技術的・経済的条件など）の「現実」の観点から，ヴィジョンの評価・検討・優先選択を行う．最後に行動プランフェーズでは，現実フェーズで彫琢され合意されたヴィジョンを実現するための具体的な行動プランの策定が行われる．これらのプロセスを経て最終的に選ばれたヴィジョンと行動プランが，シナリオワークショップの結論としてプレス発表される．

このDBTのオリジナル版に対して，本章の住民会議では次の変更を施した．

第1に，会議における専門家の役割が明確になるように，参加者グループとは別に専門家グループを配置した．第2に，参加者の都合上，会議日程を1日しかとれないため，ワークショップ本体は，前半のシナリオ批評とヴィジョンの作成のみとし，後半の現実フェーズと行動プランフェーズは実施しないことにした．

(2) 研究フィールド：朱鞠内湖の流域環境

　住民会議のフィールドは，北海道雨竜郡幌加内町の朱鞠内湖周辺の流域環境である．朱鞠内湖は昭和18年に作られた日本最大の人造湖（ダム湖）である．美しい自然景観をほこり，道立自然公園にも指定されている．1年を通じて，釣り，キャンプ，山菜採りなどに訪れる人も多い．豪雪寒冷地域としても有名で，非公式ながら日本の歴代最低気温（マイナス41.2℃）を記録した地域でもある．周囲には，北海道大学の広大な演習林と，国有林，北海道電力の所有林が広がる．

　幌加内町は，北海道の北部，石狩川の最上流部に位置する人口約1,800人の町である．60kmと南北に長く，人口のほとんどは南部の幌加内地区に集中している．就業者の3割以上が第1次産業従事者である．蕎麦の名産地として知られ，作付面積，生産量とも日本一を誇る．市街地から北に進むと，広大や農地（特に，蕎麦畑と牧草地）や森林が広がる中に，いくつかの集落が点在する．朱鞠内湖とそれを取り囲む広大な針交混交林は，町の最北部に位置する．

　朱鞠内湖の流域環境をフィールドとした理由は2つある．第1に，北海道大学の演習林があるため，流域環境についての自然科学的データが蓄積されている．さらに，シナリオの作成など住民会議の実施にあたって必要なデータの収集もしやすい．第2に，朱鞠内湖ができて以来，現在まで長期にわたって，環境開発の計画や住民運動などの動きがない．（もちろん，朱鞠内湖そのものは，大規模な環境開発の結果としてできたのではあるが．）本書の母体となっている環境意識プロジェクトは，流域環境の自然科学的性質と，環境に対する人々の態度や価値観との関係を明らかにする手法を開発することをそもそもの目的としていた．そうした手法開発にあたっては，政治的・経済的・社会的利害の影響が顕在的でないような環境が，研究フィールドとして適切であると考えた．

(3) 住民会議の構成

 シナリオワークショップは，参加者によるグループ別会議を軸に展開する．本章の住民会議では，前述の通り，これとは別に専門家グループ（6-2節の(5)を参照）を配置した．また住民会議の実施にあたっては，会議の進行をつとめるファシリテーター，会議の様子を記録する記録係が必要となる．会議全体の進行役は，メインファシリテーター（会議では，総合司会と称した）がつとめることにした．メインファシリテーターによるファシリテーションは，話し合いの盛り上がりや議論の内容を左右する重要な要因であるため，ファシリテーションの専門家に依頼することにした（北海道大学科学技術コミュニケーター養成ユニット（当時）の三上直之氏）．各参加者グループには，主催者側から，話し合いの進行をサポートするファシリテーターと，会議の様子を記録する記録係を配置することにした．また，参加者にも，タイムキーパー，書記などの役割を担ってもらうことにした．

 会議の参加者にはできるだけ多様な関係者が含まれることが望ましい．そこで，次の3つのルートで参加者を募った．第1に，これまでにわれわれが幌加内町において実施した社会調査に協力していただいた方に個別に参加を依頼した．第2に，朱鞠内湖や周辺の森林に関係するさまざまな組織・団体に，参加者の紹介を依頼した．第3に，町の広報を利用して一般公募を行った．結果として，13名から参加の承諾を得た（22～68歳，男性10名，女性3名）．内訳は，町役場職員3名，農業・酪農従事者4名，漁協関係者2名，雨龍研究林職員3名，主婦1名である．このうち一般公募を通しての参加者は2名であった．

 参加者には，事前に「参加の手引き」と「4つのシナリオ」（後述）を送付した．また4つのシナリオに関するアンケートもあわせて送付し，回答を依頼した．アンケートでは，各シナリオのわかりやすさ，各シナリオへの評価を尋ね，各シナリオの良い点と悪い点，わかりにくいと思った点を，自由に列挙してもらった．アンケートの主たる目的は，事前にシナリオに目を通してもらうこと，それによって話し合いを円滑に進行させるためである．なお，参加依頼にあたっては，この住民会議が学術目的のものであること，この住民会議の結果が具体的な政策の実現と結びつくものではないことを強調した．

⑷ 4つのシナリオ

ワークショップ全体の出発点となるシナリオ（地域社会の将来物語）は，通常4本作成される．作成にあたっては，専門家をはじめ，その問題に詳しい人々によるワーキンググループを作り，ブレーンストーミングでアイディアを出し，それらを4つのシナリオに練り上げていく．系統的な作成法の例としては，軸（たとえば，開発志向―保全志向など）を2つ設定し，その組み合わせによってできる4つの象限に当てはまるようなシナリオを作成するという手法がある．

良いシナリオとは，参加者による活発な議論を触発するシナリオである．そのためにはいくつかの条件を満たしている必要がある．第1に，関係者にとってトレードオフの要素が含まれている必要がある．言い換えれば，誰かが全面的な勝者／敗者になってしまうシナリオではなく，誰もが多かれ少なかれ得るところがあるようなシナリオが望ましい．第2に，描かれている将来像は，参加者にとってそれなりに現実味の感じられるものでなくてはならない．第3に，シナリオは，将来の可能性を偏りなく網羅していることが望ましい．しかしシナリオがあまり詳細にすぎると，参加者の話し合いがシナリオの焼き直しに終始してしまう危険性もあり，そのバランスの見極めが重要である．こうした要素を盛り込んだシナリオは，最終的には，参加者が理解しやすいように，コンパクトで的確な文章にまとめあげられなければならない．

この章の住民会議では，4つのシナリオを，筆者らがこれまでに幌加内町で実施した環境意識調査の結果（永田・大川 2009）や，町の第6次総合振興計画を参考に，「朱鞠内湖と森の30年後の将来像」として作成した．具体的には，開発―保全と町外志向―町内志向の2つの軸を大まかに想定し，①観光・レジャーシナリオ（開発・町外志向），②環境教育・自然学習シナリオ（保全・町外志向），③酪農・農業シナリオ（開発・町内志向），④温暖化対策シナリオ（保全・町内志向）の4シナリオを作成した．各シナリオには，その実現に伴うコストや環境影響を，可能な範囲で，応答予測モデルや，単価表などの根拠に基づいて記述した（6-2節の⑸で後述）．また，シナリオの現実味を確保するために，シナリオの内容や数値などについて，一部の参加者にも意見をうかがった．また，専門家への質問を促すために，質問例も提示した．それぞれのシナリオ

の概要は次のとおりである（シナリオ本体は，章末の付録を参照）．

①観光・レジャーシナリオ：朱鞠内湖は，年間70万人が訪れる，北海道を代表する観光地になった．特に，釣り客やキャンプを楽しむ家族連れでにぎわっている．町の財政も潤い，宿泊施設，キャンプ場，遊歩道なども整備された．反面，観光客のマナーの低下やゴミの増加が問題となっている．

②環境学習・自然体験シナリオ：朱鞠内湖とその周辺の森は，環境学習や自然体験の場として全国的に有名になった．全国から多くの小・中・高校が環境学習に訪れるし，エコツーリズムの客も年間4,000人を数える．また，町と北海道大学が連携して，エコツーリズムのボランティアガイドを養成している．ただし，ガイド養成費用や人件費として，1戸当たり月600円を負担しなければならない．

③酪農・農業シナリオ：母子里地区では酪農業が拡大し，牛乳や乳製品はブランド力をつけ，全国的な知名度も上がった．また酪農家が販売している堆肥を使った無農薬野菜づくりが広がり，都会から農業体験に訪れる人や，中には移住してくる人もいる．ただ，牧草地拡大に伴う森林伐採による景観の悪化や，家畜の増加に伴う川や湖の汚れが懸念されている．

④温暖化対策シナリオ：町の温暖化対策として，朱鞠内湖周辺の森の伐採と植林が計画的に実施されている．それに伴って林業が振興され，温暖化対策の全国林業モデル地区として注目されるようになり，木材のブランド力も高まってきた．ただし，森林の管理費用の一部を町が負担するため，1戸当たり月1,200円を負担しなければならない．山菜採りなどで森に入るときには許可証と入林料500円がかかるようになった．また，森林伐採の後には川や湖の水が濁ることもあり，生物への影響が懸念されている．

各シナリオは，参加者にとっての読みやすさ，わかりやすさを考慮して，朱鞠内湖の近くに暮らす4人家族のストーリーとして，適宜，おじいちゃん，夫，妻，子供の視点から記述するスタイルをとった．また，イメージを具体的に伝えるために，イラストを挿入した．

(5) 専門家の関与

この章は，環境の専門家を活用した住民会議を設計・実施し評価することを

目的としている．つまり，環境影響についての専門的知識を必要に応じてわかりやすく伝え，それを議論に活用してもらうことができるような会議を設計することが，本章のねらいである．会議には自然科学（生物地球化学 2 名，森林水文学，森林工学）の専門家 4 名を配置した．参加者には，各専門家の紹介プリントを配布した．会議では，各グループ別会議において，ファシリテーターが参加者に専門家への質問を促すことにした．特に，午前中のグループ別会議①（6-2節の(6)で後述）については，それぞれのシナリオについて，参加者からの質問に応じてコストや環境影響の簡単なシミュレーションができるように準備をした．具体的には，次のとおりである．

①観光・レジャーシナリオ：観光客一人 1 日当たりのゴミの量と 1 回当たりの排泄物量を設定し，観光客数およびマナー違反をする観光客の割合を変化させたときのゴミと排泄物量を算出できるようにした．

②環境学習・自然体験シナリオ：町がエコツアーガイドの養成費用や環境学習の人件費を負担するという設定のもと，エコツアー客数や，環境学習を実施する学校数を変化させたときの，各家庭の負担額を算出できるようにした．

③酪農・農業シナリオ：乳牛を増やした場合の利益と費用を，農林水産統計農業経営統計調査の「平成18年度牛乳生産費」に基づいて算出できるようにした．また，その場合に乳牛のし尿がもたらす環境影響（窒素とリンの負荷）を，牛の負荷量原単位（中央環境審議会水環境部会総量規制専門委員会の「H11年度負荷量原単位資料」）と牧草地排出量負荷（大村 1995）に基づいて算出できるようにした．

④温暖化対策シナリオ：まず，幌加内町民が 1 年間に排出する二酸化炭素量を，北海道水産林務部森林計画課の「森林の持つ二酸化炭素吸収・貯蔵機能について」に基づいて算出し，その排出量を吸収するために必要な材木量を算出した．材積量を$200m^3/ha$として，そのために必要な森林面積を求めたところ，毎年 1 平方キロメートルの森林伐採および造林が必要となった．その場合の，造林する樹種やその割合を変化させたときの森林管理経費を，北海道林務局森林整備課の「平成20年度造林事業標準単価」に基づいて算出できるようにした．また，造林による素材生産収入を，林野庁

企画課の「素材生産費等調査報告書（H18, 19）」に基づいて算出できるようにした．

また，全体会議③（後述）の中に「専門家との語らいタイム」を設定し，専門家と参加者の対話を促した．なお原則的に，専門家の関与は，参加者からの質問への回答に限定し，専門家の側から積極的に具体的将来像を提案することはしないことにした．

(6) **会議スケジュール**

会議は，前述の土台づくり―発散―収束の枠組みに沿って，概ね次のスケジュールで進行することにした．午前中は，①セクター別グループ会議で，4つのシナリオそれぞれの良い点と悪い点を挙げ，その結果を全体会議で発表する（土台づくり）．昼食休憩をはさんで午後は，②まず混成グループ会議で「○○が××になっている」という形式のヴィジョン要素を可能なだけ自由に列挙してもらい（発散），③次に同じグループ会議で，それらを「10の将来像」に集約してもらう（収束）．④最後に各グループから提出された将来像を対象に，参加者による戦略的投票を行い，得票上位10項目の将来像を住民会議の結果とする．また，昼休みと会議終了後に簡単なアンケートを行うことにした．

表6-1に会議スケジュールの概略とタイムテーブルを示す．

(7) **住民会議の評価方法**

住民会議は，目的に応じて適切に評価しなければならない．会議の過程や結果が妥当であるかどうかの評価は，学術的にも実践的にも倫理的にもきわめて重要である．あるいは本章のように住民会議の設計・工夫に主眼がある場合，その設計・工夫がうまく機能したかどうかの評価をする必要がある．しかし一般に，住民会議の評価は難しい．なぜならば，住民会議は多様な価値観がぶつかりあう複雑性の高い場であり，その良し悪しを判定する一般的かつ客観的な基準はないからだ．さらに，評価のための信頼性の高い方法論も整備されていない（Rosener 1981）．あるいは，設計・工夫の有効性を実証的に示すことも，統制群の設定が事実上不可能である以上，難しい．これに関して Rowe and Frewer（2004）は，社会科学的手法を用いて厳密な評価をする方法を提唱し

表 6-1　住民会議スケジュール

	時間	項目	内容
	10:00-10:30	全体会議①	主催者から会議の趣旨とスケジュールを説明する．メインファシリテーター，参加者，専門家がそれぞれ自己紹介をする．
シナリオ批評フェーズ	10:30-12:10	グループ別会議①	セクター別グループ会議により，4つのシナリオの良い点，悪い点を順次検討する．グループは，ほぼ職業別となるように主催者が事前に決める．1シナリオ当たりの所要時間は20分で，まず，主催者がシナリオを朗読し，次の約5分間で，参加者一人一人にそのシナリオの良い点と悪い点を思いつくままに付箋紙に書き出してもらう．その後，模造紙フォームに各自の書いた付箋紙を貼り付けながら，グループでシナリオの良い点と悪い点について議論する．その間，メインファシリテーターやグループファシリテーターは，適宜，専門家への質問を促す．4つのシナリオについての議論が終わった後，全体を振り返って，議論のポイントをまとめ，全体会議②で発表するための準備をする．
	12:10-12:30	全体会議②	各グループから選出された発表者が，5分ずつ，グループ別会議①で議論した内容を報告する．最後に，簡単なアンケートに回答してもらう．
	12:30-13:30	昼食休憩	グループ別会議①の討論の結果である模造紙フォーム（4グループ×4シナリオ）を会場に掲示し，参加者に見てもらう．
ヴィジョンフェーズ	13:30-14:30	グループ別会議②	くじ引きでグループ別会議①とは異なるグループに分かれ，グループによる討論を行う．最初の10分間で，「○○が××になっている」という形式で，朱鞠内湖と森の30年後の将来像の要素（ヴィジョン要素）を，各自思いつくままに付箋紙に書き出してもらう．続く50分間で，各自の考えたヴィジョン要素を発表し合いつつ，議論をし，できるだけたくさんのヴィジョン要素をさらに書き出してもらう．グループファシリテーターは，話し合いをサポートするほか，適宜，専門家への質問を促す．
	14:30-15:30	グループ別会議③	グループ別会議②で列挙したヴィジョン要素を，10の将来像にまとめる作業を行う．将来像はひとつにつき100字以内とし，議論の結果を，グループ内で選出された記録係が記述する．
	14:50-15:10	専門家との語らいタイム	グループ別会議③の中に，「専門家との語らいタイム」を設ける．4人の専門家がローテーションを組んで各グループを5分ずつ訪れ，参加者からの質問に応じて専門的知識を伝える．
	15:30-16:00	休憩	主催者は，グループ別会議③の結果を文書化して，参加者に配布する．
	16:00-16:30	全体会議③	各グループから提出された10の将来像（10×グループ数）をもとに，全体会議④で用いる投票リストを作成する．具体的には，メインファシリテーターが，複数の似た内容の将来像の統合を提案したり，参加者に統合の候補を挙げるよう促したりする．統合にあたっては，統合後の文案を参加者に示し，一人でも反対者がいれば統合しない．
	16:30-17:00	全体会議④	全体会議③で作成した投票リストにもとづき，戦略的投票を行う．各参加者は3票の持ち票を自由に配分して投票できる（ひとつの将来像に3票を投じてもよいし，3つの将来像に1票ずつ投じてもよい）．
	17:00-17:30	投票結果発表	開票し，得票数の多い順に10項目の将来像をこの住民会議のまとめとして採択する．採択された将来像に対して，専門家がコメントを加える．最後に事後アンケートに回答してもらう．

ている．具体的には，過程／結果の「有効性」を判定する基準を定義し，その定義に沿って有効性を測定する方法を決め，それに基づいて評価と解釈を行う．測定方法は，参与観察，聞き取り調査，アンケートなどさまざまでありうる．いずれにしても，定量的／定性的分析ができるよう妥当性・信頼性のあるデータを整えることが重要である．

　さて本章は，参加者が環境の将来像を作り上げるにあたって，環境の専門家をうまく活用できるような会議を設計し実施することを主たるねらいとしている．そこで，次の方法を用いて，参加者たちによる環境の将来像の策定に，専門家がもたらした効果を評価することにした．①議事録と観察：会議の議事録を作成し，特に参加者と専門家のやり取りを分析する．②アンケート：会議中に参加者アンケートを実施し，専門家の説明に対する評価を尋ねる．③事後インタビュー：会議後に参加者全員を対象とした個別インタビューを実施し，会議の各段階で専門家がどのような役割を果たしたかを詳しく尋ねる．これらを総合して，専門家を活用した住民会議の設計を評価することにした．また，アンケート，事後インタビューでは，住民会議の結果，すなわち，採択された将来像についても評価をしてもらうことにした．なおアンケート，インタビューの概要は6-4節で述べる．

6-3　住民会議の実施

(1)　概　要

　住民会議は，2008年7月13日に，幌加内町の施設「ふれあいの家 まどか」において，「朱鞠内湖と森の将来を考える住民会議」と題して行われた．参加者は12名であった（6-2節の(3)で記した13名のうち，町役場職員1名が体調不良のため欠席）．会議は，午前中①は4グループ，午後②③は3グループとし，ほぼ計画どおり進行した．会議の様子は参加者の許可を得て録音し，議事録を作成した．また，会議の各段階におけるアウトプットを文書化した．以下，これらの資料に基づいて，会議の展開を略述する．

写真 6-1　会議の説明の様子

(2) **全体会議①：趣旨説明とアイスブレーキング**

　会議の冒頭，主催者を代表して筆者が趣旨説明を行った．続いて，メインファシリテーターが，会議の進行とルールを，手書きの紙を順次ホワイトボードに貼り付けながら，手際よく説明した．会議のルールとして強調されたことは，次の5点である．①互いの呼びかけは「さん」づけで，②「一個人」として参加すること，③「気楽に」「たくさんの」意見を，④批判は避けましょう，⑤専門家を活用しよう．

　その間，自己紹介の時間も設けられた．メインファシリテーターを先頭に，参加者全員が，①名前，②職業，③幌加内町の自慢，をその場でマジックで紙に書き，それを掲げながら自己紹介をした．

(3) **グループ別会議①：シナリオの検討**

　午前中のグループ別会議①では，4つのセクター別グループによる討議を行った．4つのグループは，農業・酪農業グループ，演習林グループ，町役場・漁協グループ，女性グループ，である．会議にあたっては，各グループで，進行係，タイムキーパー，全体会議での発表係の役割分担を決めてもらった．

　グループ別会議①は，次のような順序で進行していった．まず，観光シナリオについて，主催者がシナリオを読み上げ，そのシナリオの良い点と悪い点に

6-3 住民会議の実施

ついて,個人ごとに付箋紙に書き出してもらった.その際,自分の書いた事前アンケートへの回答を参照してもかまわないことを伝えた.次に,それらを1枚の模造紙に貼り,それをもとに,観光シナリオの良い点と悪い点をさらにグループで議論してもらった.また,シナリオに関して生じた疑問は,専門家に積極的に質問をするよう促した.参加者同士の話し合いや専門家との質疑を通して出た意見は,そのつど,付箋紙に記入し,模造紙に付け加えていった.他の3つのシナリオについても,順次,同様の手続きで良い点と悪い点を検討していった.ひとつのシナリオ当たりの所要時間は,およそ20分であった.

専門家に対しては,主としてシナリオに記述されていたコストの根拠や,環境影響の詳細についての質問が比較的活発になされた.質疑の具体例を以下に示す.なお,12名の参加者は便宜的にA〜Lで,4名の専門家はW〜Zで表す.

(シナリオ①,グループ3)

参加者H:年間約70万人という数字が環境に与える影響というのが,どれくらいかよくわからないのですけど.

専門家W:すべてを予測しているわけではないですが,70万人が訪れて,1日平均5時間いると仮定して,その間に出された排泄物が川に流されて,窒素・リン・栄養塩がどれだけ増えるか考えたんですけど,雨竜川の現状に比べて,あまり影響がないという結果になりました.

参加者H:70万人というと,今,朱鞠内で6万人ぐらい観光客がいますね.で,10倍程度来ているのですごいというイメージだったんですけど.

専門家W:(中略)現状で,すでに雨竜川にはかなりの窒素やリンが入っているみたいです.北海道開発局の調査では,2%ぐらいということですね.(中略)朱鞠内湖周辺のし尿をどこに出すかで,場所に関しては影響が大きくなるでしょうけど,雨竜川の水量が1秒あたり数トンと多いので,仮にそこでおしっこをしても,1トンの水ですぐに薄められてしまうので,そんなに影響は大きくないだろうと思っています.

写真 6-2　グループ別会議①の様子

（シナリオ④，グループ 2）
　参加者E：植林するには，木を切らないとだめだよね．したら，湖とか環境が破壊されるんですよね．
　専門家Y：それはひとつ考えられますよね．木の切り方にももちろんよると思いますし（中略）湖全体に関しては，一応計算をしていて，100ヘクタール切ると湖全体にどう影響するかっていうと，全体の面積に対しては非常に小さな割合なので，おそらく100ヘクタールを毎年切っても，湖に直接影響することはないだろう，というのが今の調査から出てきた結果なんですけど．ただ，切った森林のすぐ下の川の水質だとかは，切り方とか規模によっては影響があるかもしれないです．
　参加者E：それを避けるには，前もって調査をしてから伐採に入らんといけないってことですよね．
　参加者D：コストがかかる．

　グループごとの，最終的に列挙された良い点と悪い点の項目数と，そのうちグループの議論で新たに創発した項目数（いずれも4つのシナリオを通した合計数）は，次のとおりである．グループ 1（農業・酪農グループ）では，良い点24項目（うち創発12項目），悪い点25項目（創発 9 項目），グループ 2（研究林グル

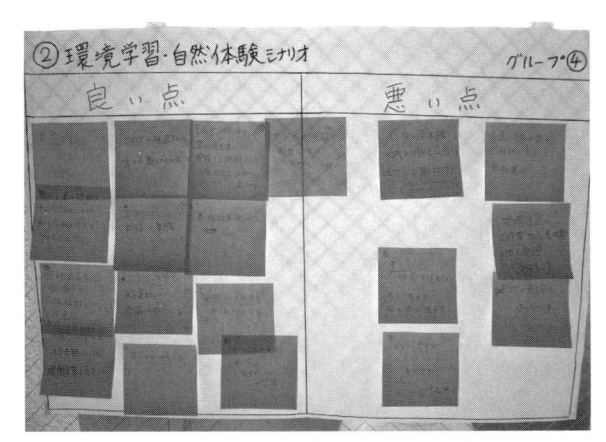

写真 6-3 グループ別会議①の結果例

ープ）では，良い点25項目（創発1項目），悪い点25項目（創発13項目），グループ3（漁協・町役場グループ）では，良い点26項目（創発4項目），悪い点33項目（創発16項目），グループ4（女性グループ）では，良い点37項目（創発8項目），悪い点41項目（創発17項目）．グループやシナリオによってばらつきはあるものの，特に悪い点について，グループによる議論や専門家への質問の結果，新たな意見が創発していることがわかる．

グループ別会議①で4つのシナリオについての検討が終了した後，ただちに全体会議②にうつり，各グループから選出された発表役が，自分たちのグループでの討論の概要を報告した．その後，参加者には「お昼のアンケート」への回答を依頼し，回答が終わった者から昼食休憩にはいった．グループ別会議①の結果は，昼食休憩時間中，会場に掲示し，参加者や主催者側スタッフが自由に閲覧できるようにした．

(4) グループ別会議②③：ヴィジョン要素の列挙と将来像の集約

午後のグループ別会議②③は，午前中のセクター別グループを，新たに3つの混成グループに再編して行った．ここでも話し合いの開始に先立って，各グループごとに，進行係，書記，タイムキーパーの役割分担を決めてもらった．グループ別会議②では，最初の10分間は，個人ごとにヴィジョン要素をできる

写真6-4　グループ別会議②の様子

だけたくさん付箋紙に書いてもらい，続く50分間でさらにグループで議論して新たなヴィジョン要素を列挙してもらった．その際，午前中の会議にはこだわらずに自由に列挙するよう，メインファシリテーターから説明があった．

　グループ別会議②で列挙されたヴィジョン要素の数（そのうち，4つのシナリオや午前中の会議では言及されず，会議②で新たに創発した要素の数）は，グループ1では33要素（うち創発14要素），グループ2では42要素（創発21要素），グループ3では48要素（創発18要素）であった．グループによる違いはあるが，列挙されたヴィジョン要素の半数強は，4つのシナリオや午前中の会議で言及されたものであった．新たに創発した要素の中には，たとえば「住民が町の事をもっと好きになっている」，「住む人が夢と希望と誇りを持てる町になっている」のように，朱鞠内湖と森の将来像とはいえないものもいくつか含まれていた．なお，グループ別会議②では，ファシリテーターが専門家への質問を促したが，ほとんどなされなかった．

　グループ別会議③では，1時間で，グループ別会議②で列挙されたヴィジョン要素を，10の将来像に集約する作業を行った．集約の仕方は，各グループにまかせた．議論をまとめて集約結果を記述する役割は，書記役の参加者が担った．

　また，グループ別会議③の間に，「専門家との語らいタイム」を設けて，専

写真 6-5 全体会議③の様子

門家への質問や専門家との対話を促した．専門家の語らいタイムでは，4人の専門家がローテーションを組んで，3つのグループを順にまわり，参加者からの質問に答えた．ただし全体的に，それほど活発な質疑とはならなかった．

グループ別会議③で集約の作業を終えたグループから，順次，休憩にはいった．休憩時間中，主催者側でグループ別会議③の結果をワープロで清書し，印刷して参加者に配布した．

(5) 望まれる将来像への投票

続く全体会議③では，グループ別会議③で3つのグループから提出された，あわせて30の将来像を集約し，投票対象となる将来像を確定する作業を行った．具体的には，複数の類似した将来像があった場合に，それらをひとつにまとめた改定案をメインファシリテーターが参加者たちに提示し，一人も反対がいなかった場合に限ってその改定案を採用した．結果として，27の将来像が投票対象となった．

全体会議④では，27の将来像を対象に戦略的投票を行い，得票上位10項目を住民会議の結果として採択した．戦略的投票とは，前述のように，参加者個人が自分の持ち票3票を，投票対象の選択肢に自由に割り振ることができる投票方式である．たとえば，参加者は，ひとつの選択肢に3票すべてを投じてもよ

表6-2 投票結果：朱鞠内湖と森の10の将来像

順位	将来像	票数
1	1-7 住民がそりで町を行き来する町．強い特色を出したい．	5
2	1-5 地域住民の働く場ができ，若い世代や子供が増えたくさんの人が移住したい町になり，人口が今の倍になっている．	4
2	1-8 湖と川が世界的な釣り場になっている．1m以上のイトウがたくさんいて，イトウ釣りのルールがしっかりしていて，世界中からアングラーが来るようになっている．	4
4	3-1 官民交流が進み，日本を代表する環境体験学習や自然観察ができる場所になり，子供から大人まで専門知識にいつでも触れられる．まどかのネイチャーセンターの機能充実．	3
4	2-1 朱鞠内湖畔にレンジャーステーションが整備され，4〜5人のスタッフが常駐し，朱鞠内を周遊するときの案内などを行っている．	3
4	2-3 朱鞠内湖の周辺の森に，子供たちが自分で木を切り，火を扱う環境教育ができる施設が整備されている．	3
4	1-1 住民が町のことをもっと好きになり，朱鞠内湖だけでなく幌加内町の開発に関しての住民会議が盛んに行われ，住民意識が向上してきている．	3
8	2-4 幌加内に樹生している木により，朱鞠内湖畔の森に見本林のようなエリアが整備され，自然学習ができる環境が整備されている（既存のものを活かしながら）．	2
8	2-2 朱鞠内湖周遊ルートが整備されている．森を守りながら整備する手法として択伐により実施されている．朱鞠内湖の漁業とのバランスを図るため流入している河川環境にも配慮されている．	2
8	3-8 住民の環境意識が高くなり，山菜の保護が進み，多くの山菜が回復し，加えてブルーベリーも栽培し，自然を楽しむ町外の取り込みに成功しグリーンツーリズムも発展している．	2

いし，3つの選択肢に1票ずつ投じてもよい．

　投票の結果，上位10位に入った将来像は，**表6-2**のとおりである．この投票結果を，「朱鞠内湖と森の10の将来像」として採択し，この住民会議のまとめとした．全体として，グループ別会議②③における議論の自由度が高かったため，4つのシナリオとの重なりを若干残しつつも，かなり幅広い内容となった．これらの将来像は，付随する環境影響はほとんどないと予想され，また，複数の将来像の間のトレードオフ関係もほとんどないものであった．

　投票結果の発表後，参加者全員に参加した感想を一言ずつ述べてもらった．「将来を考えるよいきっかけになった」「朱鞠内のことを皆で語って楽しかった」「有意義だった」など，全体的に，肯定的な感想がほとんどだった．続い

て，4人の専門家が順に投票結果に対するコメントを述べた．最後に，参加者全員に「会議後アンケート」に回答してもらい，会議を終了した．終了時刻は午後6時であった．

6-4 住民会議の評価

(1) アンケート，事後インタビューの概要
1）アンケート概要
　お昼のアンケートでは，グループ別会議①の中で4つのシナリオそれぞれへの理解は深まったかを「1.非常に深まった〜3.深まらなかった」の3件法で尋ねた．また，深まったと回答した理由を，「専門家の説明，参加者どうしの話し合い，進行役による話し合いの進め方，その他」から選択してもらった（複数回答可）．

　会議後のアンケートの主な質問項目は次のとおりである．第1に，投票によって採択された「朱鞠内湖と森の10の将来像」の満足度および納得度をそれぞれ5件法で尋ねた．さらに，「10の将来像」への投票の決め手を，「専門家の説明，参加者同士の話し合い，進行役のはたらきかけ，自分自身の信念，その他」から選択してもらった（複数回答可）．第2に，会議における専門家の説明に関して，説明がわかりやすかったか，専門家との対話時間は十分だったか，専門家の説明は望ましい将来像を考えるのに役立ったかを，それぞれ5件法で尋ねた．第3に，会議への満足度を5件法で尋ね，最後に，会議への意見や参加した感想を自由に記してもらった．

2）事後インタビュー概要
　事後インタビューは，会議の約2週間後，2008年7月27〜30日に参加者全員を対象に行った．原則として個別に行ったが，複数の参加者に同時に行ったケースもある．インタビューでは，主として，会議の各段階において，専門家の発言が役に立ったかどうか，役に立ったとすれば，どのような意味で役に立ったのかを尋ねた．その際，会議の様子を思い出してもらう手がかりとして，各グループ別会議の議事録，会議中の参加者による作業結果を文書化したもの，

会議中・会議後のアンケート結果を適宜提示しながら質問した．一人当たりのインタビュー所要時間は，40分程度であった．インタビューの様子は許可を得て録音し，トランスクリプトを作成した．

(2) 住民会議全体に関する評価

参加者からは，住民会議に対して，総じて肯定的な評価が得られた．会議後アンケートの結果を見ると，「10の将来像に満足しているか」という質問には12名全員が，「10の将来像は納得できるものだったか」という質問には11名が，肯定的に回答した．また，「住民会議の運営・進行に満足しているか」という質問に対しては，12名全員が肯定的に回答した．自由回答も，住民会議に対する肯定的な意見がほとんどであった．

- かなりハードルが高そうですが，ながめてばかりでは何も進まないと思います．小さなことでもできることから手がけようと思います．
- この住民会議を機会に，幌加内町がもっと発展していければ，いいと思う．幌加内町に住む若い人たちにも，これからどうしたいのか，どうしていけばいいのかということを考える場を作ることが必要だと思う．すごくインパクトのある（特徴的な）結果がでてよかったと思う．
- 朱鞠内湖周辺に関して，知らなかったことがわかったりして有意義でした．数値化することのむずかしさを再確認しました．大胆な発想が必要と感じました．
- 長時間の会議だったが，思ったよりも時間が足りなかった．なかなか興味深い話がきけて良かった．面白かった．普段できないような貴重な体験ができた．幌加内町の将来像を考えていくときの参考にしたい．
- 多数の専門家の先生のお話が聞けたこと．普段話のできない方と話ができたことは貴重な時間でした．また，朱鞠内独自の将来像が少しでも具現化できたら良いなあと，心から思いました．
- この会議が机上の空論に終わらず，何らかの形で現実に反映されることを望みます．（地域住民にとって町の生き残りは切実な問題ですので）
- ワークショップ的な手法の企画にはあまり参加したことがなかったので，大変新鮮でした．住民自らが，こうした集まりを企画できればいいと思い

ます．それができないところに，幌加内町の停滞の原因のひとつがあるように思います．

(3) 専門家の役割に関する評価

　この章は，専門家を活用した環境デザインの住民会議を設計し実施することを目的としたものである．そこで以下では，専門家が会議の過程でどのような役割を果たしたかを検討する．会議後のアンケートの結果を見ると，全体的に，専門家の説明は肯定的に評価されている．具体的には，「専門家の説明はわかりやすかったですか」という質問には10名が，「専門家の説明は望ましい将来像を考えるのに役立ちましたか」には11名が肯定的に回答した．ただし，10の将来像への投票の決め手として「専門家の説明」を挙げたのは1名だけだった．

１）午前中の会議における専門家の役割

　お昼のアンケートでは，ほぼすべての参加者が各シナリオへの理解が深まったと回答した．すなわち，環境学習シナリオと酪農シナリオに1名ずつ「理解が深まらなかった」と回答した参加者がいたほかは，全員がすべてのシナリオについて「理解が非常に深まった」あるいは「やや深まった」と回答していた．理解が深まった理由については，12名全員が「参加者同士の話し合い」を挙げ，8名が「専門家の説明」を挙げた．

　事後インタビューでも，「シナリオを理解したり新しい意見を出すときに，専門家が役に立ちましたか」という質問に対して，ほとんどの参加者が肯定的な意見を述べていた．その内容は2つのパターンに大別できる．第1は，専門家の説明が，シナリオの施策がもたらす環境影響を理解するのに役立ったとするパターンである．たとえば，参加者Iは，「僕らの感覚では（酪農地の面積や牛の頭数が）倍になっちゃうと，かなり（湖が）汚れるんじゃないかなと心配があったんだけど，観測結果からは（そのような汚染の）心配はないと（わかった）」（括弧内は筆者による補足，以下同様）と述べている．同様に，参加者Dも，「朱鞠内までいったら，（水質汚染は）少なくなる，とは知らなかったですね．（影響あるのは）かなり湖の北の方で，（湖には）影響は出ないと聞いて，なるほど，と思いました」と述べている．ここで言及されている湖の汚染の予測は，

応答予測モデル（第4章参照）による予測結果を，専門家がわかりやすく提供したものである．このような，専門家による環境影響の予測がシナリオの理解に役立ったとする意見は，7名が述べていた．このことは，自然科学の知見を提供するものとしての専門家を活用するという住民会議の設計がある程度有効であったことを示している．

　第2は，専門家の提示する数字や，その数字の根拠についての説明が，シナリオを現実味のあるものとして理解するのに役立ったとするパターンである．あわせて7名の参加者がこうした趣旨のことを述べている．たとえば，参加者Iは，「シナリオの中で，ひとつひとつ出てくる数字だとか，施策に根拠となる数字があることがわかった」と述べている．すなわち，4つのシナリオが，具体的な情報をもとに作られた，具体性のあるものとしてとらえられている．同じく参加者Hは，「（観光客が70万人に増えるというシナリオに対して）鹿追町（然別湖）が，ちょうど68万人くらい（の観光客）．すごく上手にきれいにやってて．あれだったら全然影響はないなっていう感覚でした」と述べている．この発言は，具体的な数値を提示することが，類似した他の事例を喚起させ，その事例を媒介としてシナリオに具体的なイメージを与えていることを示唆している．

　以上のように，午前中の会議においては，専門家の説明は，参加者がシナリオを理解し，環境の性質を共有するのに貢献していたといえる．ただし，留意すべき点が2点ある．第1に，専門家と参加者の関係は，必ずしも一方向的なものではなかった．言い換えれば，専門家の説明は，必ずしも無条件に受け入れられていたわけではない．参加者Hによる次の発言は典型的である．「湖自体は（酪農のし尿による）影響ないというのが，W先生の見解だったんですけど，実はそうでなくて，すごい濃度の汚染された水が川をつたって湖へ流れていくんで（汚れてしまう）」．この発言は，参加者H自身の湖での経験や，これまでに得た知識をもとに述べられたものである．あるいは参加者Kも同様に，「現実だと，（湖に近い）母子里の牧場の影響はあるんじゃないかと今も言われてて，それが盛んになったらって心配してる部分ってありますから……専門家の意見ではたいしたことないって言ってたけど，内心はほんとかなって部分（がある）」と述べている．このような発言は，参加者が，専門家の説明をただ

一方的に受容するのではなく，自らの経験に照らして選択しつつ活用していたことを示唆している．

　第2に，専門家には，必ずしも狭義の専門家としての役割だけが求められていたわけではなかった．そもそもこの住民会議の目的（のひとつ）は，環境影響についての専門的言説の提供が，住民がより具体性のある環境の将来像を描くのに寄与することを示すことにあった．しかし，参加者は専門家をより広義にとらえていた．実際，参加者からの質問は，湖や川の窒素やリンの濃度，物質循環といった狭義の専門レベルのものから，森林の二酸化炭素吸収の仕組みなど，専門的ではあるが教科書レベルのもの，さらには，市民ネットワークやレンジャー制度についての質問など，環境と関連はするものの専門領域とはおよそ関係のないものまで，きわめて多様であった．専門家の側も，専門外の質問があった場合に，どこまで専門家として発言してよいのか葛藤を感じていた．

2）午後の会議における専門家の役割

　一方，午後のグループ別会議②③については，「ヴィジョン要素を列挙し，10の将来像に集約するのに，専門家が役に立ちましたか」と尋ねたところ，否定的に回答する参加者が多かった．実際，6-3節の(4)で述べたように，グループ別会議②では専門家への質問はほとんどなく，グループ別会議③の「専門家との語らいタイム」でも専門家との対話は活発とは言い難かった．次の参加者Kの発言は典型的である．「正直に言うとね，専門家の説明というのはあまり役に立たなかったような気がするんですよ．ただアンケートに役に立たなかったと書くのも悪いかなと思って，（アンケートで専門家の質問が役に）立ったに丸をつけた．」

　もっとも，新たなヴィジョン要素の創発や10の将来像への集約に，専門家がまったく役に立たなかったわけではない．第1に，多くの参加者が，午前の会議で専門家から得た情報が，午後の会議で間接的に役立ったと述べている．たとえば，参加者Bは，「（午前の話し合いは，午後からの話し合いに）役立っているでしょうね．（中略）シナリオを引用して，話の題材にしたこともあった」と述べている．あるいは，参加者Gは，「イメージをふくらませるために（役立った）．（午前の話で）酪農シナリオの評判が悪かった．午後に酪農や農業

（の将来ビジョン）をかかなかったのは，午前中の話し合いの影響」と述べている．このことは，午前中の会議における専門家の説明は，午後の会議に一定の枠組みを与えることに貢献していたことを示唆している．

　第2に，午後のグループ別会議②③で，そもそも専門家への質問や専門家との対話が少なかった理由を尋ねたところ，ほとんどの参加者が時間不足を挙げた．会議後のアンケートでも，「専門家と対話する時間は十分でしたか」に9名が否定的に回答している．具体的には，たとえば参加者Gは，「(ワークショップの)作業をこなすのに必死だった」と述べている．決められた時間の中では専門家の説明を詳しく受けることができないと感じていた参加者もいたようだ．たとえば，参加者Iは，「(会議が終わってから身近な専門家に)いつでもきける」と述べている．あるいは，参加者Cは，「(専門的要素が強すぎて)あの場で聞くことでもないかなと(他の参加者のことを考えて遠慮した)」と述べている．

　一方，「もし，十分な時間があれば，専門家にきいてみたかったことはあったか」と質問したところ，ほとんどの参加者があったと答えた．その具体的な内容は，「河川と森林の管理方法」，「稚魚の成長にとって良い水質の管理」，「遊魚の管理方法」，「林業経営」など，他地域の例も参考にしつつ具体的なノウハウを教えて欲しいという要望，あるいは，「水質」，「魚の産卵」，「ライセンス料」，「湖の現状」などの詳しい説明やデータ提供の要望などである．このことは，参加者には，専門家の説明へのニーズがあったことを示している．

　専門家に質問しなかった（できなかった）理由として，時間不足のほかにもさまざまな回答があった．主なものとしては，議論に制約がなかったため，話が具体的にならず，専門家に質問できなかったという意見がある．たとえば，参加者Bは，「ただ漠然と聞いてもね．答える方だって困るだろうし．われわれ自分自身の的が絞れてないわけだから，専門家に聞こうとかは（なかなかならない）」と述べ，専門家と漫然とやりとりをしても意味がないとしている．同じく参加者Aは「もっと煮詰めていって，（将来像を）実現ヴィジョンとして，これを前提にしてどうしてくってなったときに，すごく専門家の力をお借りする場面がでてくることになると思う」と述べ，具体的な行動プランを策定するフェーズになると専門家の力を借りる局面が出てくるだろうとしている．

6-5 展望と課題

　以上，住民会議において，専門家の説明は，参加者たちが自然環境の将来像を描くことに対して，一定の貢献をしていたことが示唆される．第1に，専門家の説明は，シナリオの背景やシナリオの施策がもたらす環境影響について理解を深めることに役立っていた．この知識は，ヴィジョン要素を列挙する場面でも，直接的ではないにしろ，前提として参考にされていた．このことは，専門家の説明が，環境の将来を議論する際の共通の土台づくりに貢献していたことを示している．つまり，専門家は，環境影響や環境の性質についての知識を提供することによって，参加者たちの議論に現実的な枠組みを与えることができる．ただし，こうした専門家の効果には留意すべき点もあった．一点は，こうした効果は，専門家から参加者への一方的な知識の提供によって成り立つのではなく，参加者の側の選択とあいまって成立するものであること，もう一点は，専門家には，狭義の専門家としての役割・知識以上のものが求められていたこと，である．

　第2に，将来ヴィジョンを列挙し集約するフェーズにおいては，専門家関与の効果を直接的に示すことはできなかった．その理由は，時間的な制約が強かったことを背景として，専門家の説明を受ける十分な時間がなかったこと，議論の自由度が高すぎたために具体的な質問をしぼれなかったことに求められる．一方で，専門家へのニーズは，潜在的には確かに存在していた．そして少なくともその一部は，狭義の専門的知識の提供への期待であった．会議が限られた時間の中で行われざるをえない以上，時間的制約の問題は避けられないが，話し合いの自由度に制約を与えたり（たとえば，4つのシナリオを題材として将来像を話し合ってもらう，など），上述の参加者Aの指摘にもあるように，ヴィジョンを実現するための行動計画を具体的に定めていくフェーズ（行動プランフェーズ）を会議に組み込んだりすることで，将来ヴィジョンの作成に専門家が貢献できるだろう．

　一方，専門家としての専門家，すなわち，専門的言説を提供する者としての専門家を，住民会議によりうまく活用していくために，今後さらに検討してい

くべき点もある．以下，3点述べる．第1は，議論の自由度をどう設定するかである．一般に，将来像を描くための議論の自由度を高めることと，専門家が専門性を発揮して将来像の策定に貢献する度合を高めることとは，トレードオフの関係にある．今回の住民会議では，将来像の描出は，4つのシナリオをもとにしているとはいえ，専ら参加者たちの自由な議論にゆだねていたため，参加者たちにとっては専門家への質問の的を絞りにくく，また，最終的に描かれた将来像も専門的言説の貢献が考えにくいものとなった．一方，専門性を十分に発揮させるためには，環境影響が明確な環境施策や，実現がトレードオフ関係にあるような複数の将来像に議論のテーマを限定すればよいが，それでは住民が主役であるべき会議で，当の住民参加者が議論の主役から遠ざかってしまう可能性が高くなる．専門家を活用した住民会議をデザインする場合，参加者の議論の自由度と専門性発揮のトレードオフについてよく考えておく必要がある．

　第2は，専門家のスタンスをどう設定するかである．専門家の議論に対する影響は，その言説の内容だけでなく，専門家のスタンスによっても左右される．今回の会議では，専門家は，積極的に意見を述べることはせず，質問に答えるだけの第三者として会議に参加した．そしておそらく，だからこそ，専門家の発言は参加者に信頼され，議論の枠組みづくりに貢献することができたが，一方，午後の話し合いではあまり活用されなかった．しかし，会議における住民のスタンスとしては，より積極的に提言をしていく選択肢もありえるし，さらに専門家自身が将来像策定の当事者（参加者）となる可能性もある．このようなスタンスをとった場合，専門家が会議に与えるインパクトは大きくなるものの，反面，専門的発言が特定の立場や利害と結びつけてとらえられるようになり，参加者からの信頼が薄められる可能性がある．

　第3は，どのような領域の専門家を用意するかである．今回の会議では，森と湖の性質を専門とする自然科学の専門家4名を，主催者側が用意した．しかし，いうまでもなく，自然環境の将来を考えるにあたって考慮すべきことは，環境開発に伴う（自然科学的）環境影響だけではない．開発の経済的コストや経済的波及効果，開発が直接・間接にもたらす社会的影響も，考慮される必要があり，社会科学や人間科学の専門家も，住民会議において重要な役割を担い

うる．実際，会議中，専門家に対しては，その専門家の専門領域をこえて，経済コストや社会的ネットワークに関する広範な質問がなされた．もちろん，あらゆる分野の専門家を用意しておくことは現実的ではない．しかし，どのような領域の専門家を用意するかということ自体，主催者と参加者で事前に議論して決めるのが理想的であると思われる．

　この章では，専門家の専門的知識を活用した住民会議の設計について論じてきた．最後に，住民会議において，専門的知識の提供以外に，専門家が果たす役割についてふれておきたい．事後インタビューで，参加者Kは次のように述べている．「直接（会議の話し合いや決定に）影響する部分はないと思うが，専門家がそこにいるっていう存在自体，普段の生活では意識していない．（中略）とにかく存在，それ自体が（重要だ）．」参加者Kにとって，提供された専門的知識は，会議には直接役立ってはいない．しかし，その存在自体が会議の成立にとって重要である．このことは，専門家は，「環境の将来を皆で考え，実行していくことには意味がある，妥当である」ことを保証する役割を担っていたことを意味しているのではないだろうか．

　地域の人々が知恵を出し合って，地域の環境の将来を考える．その過程に，環境の専門家や地域の専門家も参加し，地域の人々と一緒に知恵を絞る．そのような形の住民と専門家のコミュニケーションを具現する場のひとつとして，このような住民会議を今後も実施していきたい．

（永田素彦・大川智船）

引用文献

藤垣裕子（2003）専門知と公共性，東京大学出版会．
平川秀幸（2002）デンマーク調査報告書：シナリオ・ワークショップとサイエンスショップに関する聴き取り調査，http://hideyukihirakawa.com/sts_archive/techassess/denmarkreport.pdf
Horelli, L (2002) A methodology of participatory planning, Bechtel and Churchman eds., Handbook of environmental psychology, John Wiley & Sons, pp. 607-628.
永田素彦・大川智船（2009）朱鞠内湖の流域環境に関する住民意識調査，総合地球環境学研究所環境意識プロジェクト研究報告書．
大村邦男（1995）北海道の畑作・酪農地帯における物質循環と水質保全，北海道立農業試験場報告，第86号．

Rosener, J. (1981) User-oriented evaluation: A new way to view citizen participation, Journal of Applied Behavioral Science, 17, pp. 583-596.

Rowe, G. and Frewer, L. (2000) Public participation methods: A framework for evaluation, Science, Technology and Human values, 25, pp. 3-29.

Rowe, G. and Frewer, L. (2004) Evaluating public-participation exercises: A research agenda, Science, Technology and Human values, 29, pp. 512-557.

「三番瀬の未来像を考えるシナリオ・ワークショップ」事務局（2003）「三番瀬の未来を考えるシナリオ・ワークショップ」プレス発表資料．

高橋秀行（2000a）市民主体の環境政策　上　条例・計画づくりからの参加，公人社．

高橋秀行（2000b）市民主体の環境政策　下　多様性あって当然の参加手法，公人社．

Webler, (1995) "Right" Discourse in Citizen Participation: An Evaluative Yardstick, In Renn, O., Webler, T. and Wiedemann, P. eds., Fairness and Competence on Citizen Participation: Evaluating Models for Environmental Discourse, Kluwer Academic Publishers, pp.35-86.

謝辞：「朱鞠内湖と森の将来を考える住民会議」の実施にあたっては，幌加内町の後援，および，北海道大学科学技術コミュニケーター養成ユニットの協力を得た．記して感謝する．

「朱鞠内湖と森の4つのシナリオ」
〜 2040年、イトウ家の物語 〜

　この冊子には、約30年後の未来の物語が書かれています。朱鞠内湖や森にかかわる、ある家族のお話です。

　皆さんは、この4つのシナリオを読んで、どんな感想をお持ちになるでしょうか？これはよいと思う部分もあれば、そうでない部分もあるでしょう。
　朱鞠内湖や森の将来を考えることは、今すぐ必要ではないかもしれません。でも、次の世代について考えることは、とても大切なことだと思うのです。

　まずは、4つのシナリオにじっくり目を通してみてください。そして、読み終えたら、自分なら30年後の朱鞠内湖がどうなっていてほしいか想像してみてください。

　4つのシナリオをヒントに朱鞠内湖の望ましい将来像をみんなで想像し、話し合い、共有する　──この住民会議がそんな場になればと願っています。

登場人物（イトウ家の人々）

マリ：　小学校5年生。10歳。

マスオ：　父。趣味は釣り。37歳。

ミドリ：　母。料理が得意。35歳。

カワタロウ：　祖父。とっても物知り。64歳。

① 観光・レジャーシナリオ

　2040年、8月。季節は夏真っ盛り。遠く、朱鞠内湖の湖畔から、遊覧船の出発を告げるアナウンスが聞こえ、時折、楽しそうな観光客の声がまじる。今や朱鞠内湖は、年間約70万人が訪れる北海道を代表する観光地となった。人気の秘密は、人造湖とは思えない雄大な湖と豊かな自然だ。

　キャンプ場も、30年前に比べると面積は2倍になり、多くのテントが張られている。そんな観光客に混じって、イトウ家も毎年、夏休み恒例の家族キャンプを楽しんでいる。

　マリは、朱鞠内湖でのキャンプが大好きだ。森を探検したり、湖で遊んだり、夜になれば頭上に広がる満天の星。

　「今年は釣りで大物をしとめる！」

　そう決めていた。マリは、キャンプ場に着いてテントを張り終えるやいなや、さっそく釣り好きのお父さんのマスオをせかし、意気揚々と今夜のおかずを求め川へと向かった。

　　　　　＊

　「本当に、この辺りもにぎやかになったわねぇ。」

夕食の準備の手を少し休め、マリのお母さん、ミドリは思った。ミドリが子供の頃は、釣りのお客さんや、ドライブついでにやってくるようなお客さんがほとんどで、もう少しひっそりとしていたものだ。しかし、だんだん観光客が増え、遊歩道が整備され、10年前にはレークハウスが新しくなったこともあって、魅力的な観光地となっていったのだ。

　そう、朱鞠内湖はとても魅力的な湖だ。春は、チシマザクラが美しく湖面に映え、夏はキャンプ、秋は天然林の紅葉ツアー、冬はワカサギ釣り。ちょっと変わったものでは、上流への秘境ツアー、釣り選手権なんかもある。イトウやサクラマス、ヤマメ釣りも人気があるし、放流体験だってできる。1年を通してこんなにも自然を堪能できる湖はそう多くはないだろう。

　「なんてったって近いもの。」

　と、こんな素敵な湖の近くに住む自分たちを、ミドリはちょっと自慢に思う。

　　　　　＊

　マリのおじいちゃん、カワタロウは4年前に退職したが、まだまだ元気で健脚な老人だ。それもそ

資料　朱鞠内湖と森の4つのシナリオ

のはず、以前は森で仕事をし、あちこちの山を飛び回っていた。

　テント張りも終わり、木陰のベンチで湖を眺めながら一息入れる。

　「ずいぶん騒々しくなったものだ。」

　と、カワタロウは思う。良くも悪くも、朱鞠内湖は変わった。確かに観光客の増加は、町政を潤しているし、バスの本数も増えて便利になった。何より、この素晴らしい景観は多くの人に楽しんでもらうべきだろう。

　しかし、朱鞠内湖はマスオが生まれる前から、原則ごみは持ち帰りにしているが、観光客のマナーの低下が問題となり、ごみがめにつくようになった。見た目が汚いし、森や川、湖への影響も心配だ。また、遊歩道が整備されたのはよかったが、山菜が次々に持ち帰られ、回復不可能なほどになった場所もある。

　「なんとかならないものだろうか。」

　そっとため息をついた。

会場では、こんな疑問にお答えできます
・観光客が増えると、ゴミや排泄物はどのくらい増えるの？

専門家

② 環境学習・自然体験シナリオ

　2040年のある日。マリは、わくわくしていた。
　明日は「まどか」での環境学習、朱鞠内湖の森へ行く日だからだ。確か明日は、森を探検できることになっている。木工とか、炭焼きも体験できるのかな。考えただけで想像がふくらんで、眠れなくなってしまいそうだ。
　マリの地元では、小学生は必ず朱鞠内湖で環境学習を行うことになっている。それに最近は、全国から小・中学生や高校生も環境学習のためにやってくるらしい。
　人気の秘密は、きれいな湖と、森での楽しいゲームがあるからじゃないかな。スタッフのお兄さん、お姉さんや、案内してくれるまどかや北海道大学の雨龍研究林の人たちも親切で、なにより色んなことを教えてくれる。
　早く明日にならないかな。わくわくのまま、マリは眠りについた。
　　　　　　　＊
　朱鞠内湖と周辺の森は、環境学習だけでなく、エコツーリズムのお客さんも全国からやってくる。去年は約4000人が訪れた。
　イトウの原生種が残る湖と上流河川は、世界的にも貴重な遺産としてテレビでも取り上げられ、注目を集めている。
　マリのおじいちゃんのカワタロウは、定年後、このエコツーリズムのボランティアガイドを始めた。
　このガイドは、町と大学が連携して開いている養成講座を受講して認定されれば、誰でもなることができる。これまでの経験を活かして町のために何かできないかと考えていたカワタロウには、ぴったりの役どころだった。今は、2週間に1度の割合でガイドにでかけている。

　　　　　　　＊
「よし、今月は節約成功だわ。」
　電卓をたたきながらミドリは満足そうに家計簿をながめた。

この町では、税金とは別に、各家庭が月600円ずつ負担して、環境学習の人件費やガイド養成の費用をまかなっている。
「あれこれ言う人はいるけれど、私は賛成だわ。」

環境学習に出かけるマリも、ガイドのおじいちゃんもいきいきしている。自分たちの町の環境を守りながら、たくさんの人にこの町のよさを知ってもらえるのはよいことだと思う。

会場では、こんな疑問にお答えできます
・エコツアー客や環境学習客が増えると、負担額はどうなるの？

専門家

③ 酪農・農業シナリオ

　2040年、ある日のイトウ家の朝食は、パンと目玉焼き、母子里の牛乳、そして家の裏の畑でとれた新鮮な野菜。マリは母子里牛乳が大好きだ。毎日この牛乳を飲みほしてから学校へむかう。
「行ってきます！」
勢いよく家を出る。
　ちょうど友達の姿が数人見えた。追いつこうと駆け足になる。あれ、ちょっぴり背が伸びたかも。牛乳様さまだ。

＊

　母子里地区は農業と酪農の盛んな地域である。
　冷涼な気候を利用して花の栽培、寒冷地品種の研究も行われているが、中でも酪農はもっとも勢いがある。
　「母子里牛乳」はおいしい牛乳として広く知られ、乳製品のチーズやバターも、幌加内そばとならぶ町の人気商品となっている。現在は、約1000頭の乳牛が飼育されている。これは、30年前の約2倍で、約2平方キロメートル（200町歩）の山林を切り開いて牧草地を広げた。
　酪農家の中には堆肥を販売している人もいる。この堆肥を利用して、有機栽培農家も増えている。牧場に併設された、乳製品や有機栽培野菜を使ったレストランは、地元ではちょっとした人気だ。
　また、安全な野菜を求め、都会から農業体験に訪れる人もいる。
　マリのお父さん、マスオも、最近、家の裏の畑で野菜作りを始めた。酪農家が販売している堆肥は無農薬野菜づくりに重宝している。見た目はよくないが、家族での評判はけっこうよい。おいしくて体によいだけでなく、
「家計も助かるわ。」
とマリのお母さん、ミドリも喜んでいる。

＊

「ここ何年か、移住者が増えたな。」

資料　朱鞠内湖と森の4つのシナリオ　　　169

とマリのおじいちゃん、カワタロウは思った。母子里の酪農が知られるようになってから、こういった移住者がぽつぽつと現れるようになった。中には農業や厳しい寒さに強いあこがれを抱く若者や、定年後の老夫婦などもいる。

酪農や農業が拡大するのは、町に活気が出てよいことだと思う。

しかし一方で、散歩をしていると牧草地や農地を広げるための伐採のあとが目立つようになった気がする。このまま伐採を続けるとどうなるのか少し心配だ。家畜が増えたせいだろうか、湖がにごることもある。

カワタロウは、山や湖のことがいつも気にかかっている。

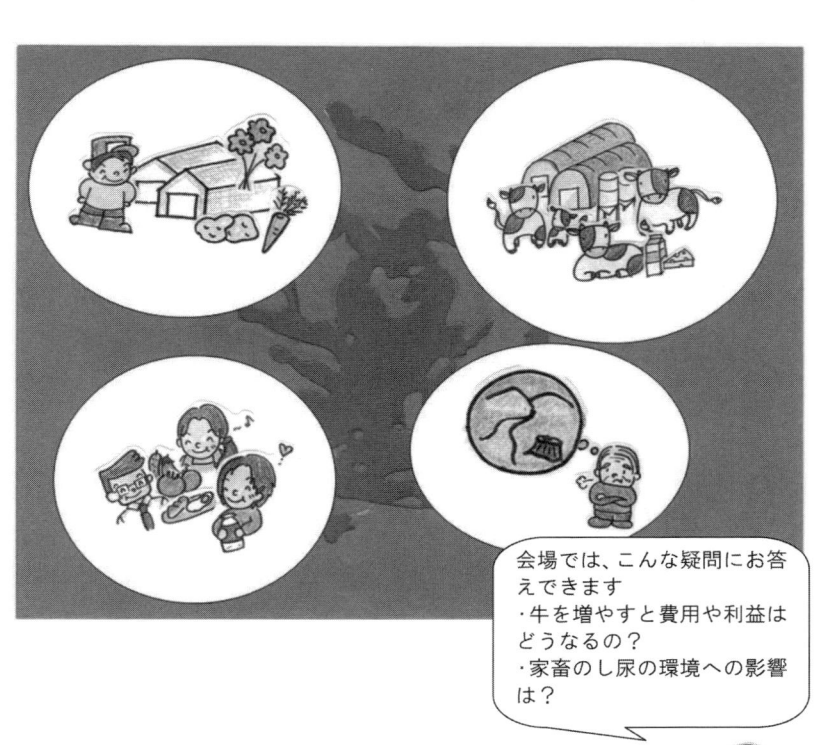

会場では、こんな疑問にお答えできます
・牛を増やすと費用や利益はどうなるの？
・家畜のし尿の環境への影響は？

専門家

④ 温暖化対策シナリオ

　2040年のある日。
「へぇ、たいしたもんだ。」
ニュースを見ていたマリのお父さん、マスオはそうつぶやいた。どこかの町で、二酸化炭素を大幅削減することに成功したらしい。
　だが幌加内町も、温暖化対策に取り組んでいる。特に、朱鞠内湖周辺の森による二酸化炭素吸収は、町の環境政策の要だ。
　マリのおじいちゃん、カワタロウによると、なんでも森による二酸化炭素吸収には、定期的な伐採と植林が不可欠ならしい。幌加内町でも、30年前から森林を管理する計画をたてて、毎年1平方キロメートル（100町歩）ずつ伐採と植林を行っている。これで、幌加内町民が一年間に出す分の二酸化炭素をほぼ吸収してくれるそうだ。町では、林業が振興され、北大の雨龍研究林や町内の国有林では林業研修があり、若い人材も育っている。
　また、幌加内町は温暖化対策の全国林業モデル地区として注目されている。その影響もあり、環境にやさしい木材として、木材のブランド力が高まってきている。

パルプの原料として利用されるほかに、木工や箸、木目を生かしたはがきなど、特産品として人気がある。製材所から出た木屑や樹皮は、近くの牧場で堆肥に利用されたりもしている。
　我が家では、ペレットストーブを愛用している。間伐材や製材の過程で出る木屑などからできたペレットを燃料とする環境にやさしいストーブである。

＊

「今月はちょっと厳しいなあ。」
マリのお母さん、ミドリは家計簿をながめ、小さくため息をついた。温暖化対策のために、この町では各家庭が月に1200円を払う。これは、毎年、伐採と植林には1億円かかるが、その一部を町が負担することになっているからだ。
　温暖化対策に費用がかかるのは仕方がないことだ。でも、春や秋に山菜採りで森に入るときにも、許可証と入林料500円がかかるようになったのは、保護のためとはいえ料理好きのミドリにとっては残念だ。
　「でも、そろそろみんなの大好きなマイタケの季節よねぇ。」

資料　朱鞠内湖と森の4つのシナリオ　171

行かずにはいられなさそうだ。
　　　　　＊
「ここらの森も、ずいぶん整然としたな。」
昔、林業をしていたマリのおじいちゃん、カワタロウはしみじみ思った。
　町の政策として森林の管理が充実してから、トドマツ、カラマツ、アカエゾマツ、ミズナラなどの植林が進み、湖周辺の森全体に管理が行き届くようになった。初期の頃に植えたものは、あと50年もすれば立派な木材として利用できるようになるだろう。
　ただ、森林伐採の後には、川や湖の水がすこし濁ることがある。見た目も気持ちのよいものではないが、生き物への影響もあるだろう。このことは、カワタロウにとっていつも気がかりなことである。

会場では、こんな疑問にお答えできます
・植林後の管理にはどのくらい経費がかかるの？収益は？
・伐採の環境への影響は？

専門家

第7章 シナリオを用いた環境意識調査を環境施策に活かす

　本書では，環境施策の企画立案，実施において，住民参加が不可欠であるという環境アセスメント，特に戦略的環境アセスメントの考えにしたがい，人びとの環境意識を把握することについて，その意義と方法を中心に解説した．環境アセスメントでは，環境の自然科学的環境評価と社会的影響評価の両方を考慮することが重視されている．第1章で提起したように，自然科学的環境評価は，環境施策への住民参加のために不可欠な要素であり，施策立案者や実施者は，専門家の協力のもと，適切な評価をすることが求められる．その一方で，住民を積極的に参加させるためには，自然科学的なシナリオを提示し，評価してもらう必要がある．そのために，自然科学と社会科学の協働によるシナリオを用いた環境意識調査の枠組みを紹介し，その事例として地球研の「環境意識プロジェクト」で実施した「シナリオアンケート」と「シナリオワークショップ」について解説した．

　最後に，今後の長期的な環境施策のあり方を考えるうえで，これらの手法や得られた結果が，どのように活用できるかについて考えてみたい．

7-1　シナリオアンケート

　第5章で紹介したシナリオアンケートは，シナリオを用いた環境意識の解明，あるいは，その手法の開発を主目的としており，具体的な環境施策の企画・立案や住民合意をめざしたものではなかった．しかしながら，シナリオを用いた環境意識調査を具体的な施策に活用するために重要なことがいくつか明らかとなった．

　森林管理施策として森林を伐採する計画において想定される環境変化の中で，

水質変化を最も重視していることがわかった（図5-4）．また，このことは，森林伐採による環境影響の中で，水質悪化を最も懸念しているというシナリオアンケートの結果（表5-16）とも整合性があった．これは，森林集水域全体を扱った選択型実験を応用したシナリオアンケートによって，はじめて包括的に示されたものといえる．もちろん，このことを日本全国の森林流域の住民の意識に一般化するには慎重を期すべきである．なぜなら，具体的な施策では，特定の森林および流域の特性が関与し，環境変化シナリオをそれぞれの地域で最適化しなければならないからである．また，第2章で述べたように，対象環境と調査対象者の組み合わせを調査目的に適合するように設定しなければならない．それでもなお，個別具体的な森林施策においても，水質など河川・水域への対策を計画立案の初期段階から考慮したものが，住民に評価される可能性が高いと考えられる．

「シナリオアンケート」の手法は，環境に対する政策・計画・プログラム（PPPs: Policy, Plan and Program）の早い段階で想定される環境影響を考慮するという戦略的環境アセスメント（環境省・三菱総合研究所 2003）において，環境施策の方向性や，当事者（ステークホルダー）間の対話（コミュニケーション），協議（コンサルテーション）の手続きを透明化し民主的に実施するうえで有効な手法になると考えられる．

7-2　シナリオワークショップ

第6章では，住民が自らの考えをもとに将来の環境像を構築する手段として，住民会議のひとつの方法であるシナリオワークショップを取り上げた．シナリオアンケートが仮想的な住民参加の手法であるのに対し，シナリオワークショップは，より直接的な住民参加の手法として注目されている．この中では，自然科学の専門家が，シナリオの作成に止まらず，説明者としてかかわり，住民の意識形成の手助けを行うことができる．地方自治体や国レベルの施策決定において，各分野の専門家が委員会・審査会などに意見表明や討論の参加者として参画することが多くなっているが，シナリオワークショップなどの住民参加型の会議における専門家の役割は，これらとは異なり，住民の補助者という意

味合いが強い．このように環境施策の企画・立案・実施の場における専門家の立場は1通りではないが，環境施策の企画・立案者は，具体的な環境施策に住民を主体的に参画させるということに関して，専門家の参画の立場を明確に意識したうえで活用すべきである．シナリオを用いた環境意識調査に関して，本書ではシナリオアンケートや自由記述形式の回答の解析について紹介したが，住民会議，シナリオワークショップなど住民が直接議論に参加する環境施策の取り組みにおいても，シナリオアンケートや自由記述形式の回答の解析結果を利用することにより，議論の方向性を定め，活発化することができるであろう．

7-3　シナリオを用いた環境意識調査の課題と展望

シナリオアンケートでは，環境施策に伴う環境の変化を予測する必要があり，相当の時間と経費が必要であった．しかしながら，選択型実験を実施して明らかとなったことは，環境変化を精密に予測し，提示する必要が必ずしもないということであった．環境施策計画の初期，PPPsの段階で，住民などステークホルダーの幅広い参画を目指して意識調査を実施する場合には，本書で紹介した環境変動予測モデルを含めた既存のモデルを応用し，基礎的な現地のデータを入力して環境変化をシミュレーションした結果を使ってもよいであろう．その意識調査の結果として，ステークホルダー間の環境施策や環境変化に対する評価が推定され，それに基づいて環境施策の代替案を絞り込むことができるであろう．いわゆる戦略的環境アセスメントにおける住民参加の手段として，シナリオを用いた環境意識調査を位置づけることができる．すでにこの取り組みがなされつつあるが，より一層の応用が進むことであろう．そのためには，第4章で解説したような環境変動予測モデルにユーザーフレンドリーなインターフェイスの機能を持たせた「環境シミュレータ」を開発し，第3章で応用した自由記述の自然言語処理分析などを組み合わせて，シナリオ作成のための支援ツールを構築するのが非常に有効であろう．これらを用いることで，住民参加型のワークショップや会議の場で，さまざまな環境改変シナリオを作成することができ，議論を活発化するだけではなく，議論を科学の観点から調整しながら進めることが可能となろう．

以上のPPPsの段階で得られた意識調査の結果は，より具体的な施策を決定する環境アセスメント（EIA）の段階で有効活用される．すなわち，環境施策の代替案の絞り込みと同時に，環境影響を評価する際の項目と評価手法を絞り込む「スコーピング」にも役立てることができる．EIAの段階では，精密な環境変化の評価や社会経済評価が必要であり施策の経費に組み込まれるべき社会的費用であるが，これらの絞り込みは経費削減にもつながるであろう．

　今後，シナリオを用いた環境意識調査を活用するうえで大きな課題は，人材である．このような調査を実施できる人材として，自然科学的なシミュレーションモデルが扱え，また，観測の企画，実施，データ解析ができる人材が必要であるが，環境コンサルタントの分野には，すでにその人材や組織が存在している．先に述べた「環境シミュレータ」の開発には，コンピュータに詳しい人材があたれば比較的早く実現するかもしれない．意識調査に関しては，シナリオを用いた調査では，自然科学の素養を持つ人材と社会科学の素養を持つ人材の協働が必要であるが，将来的には，両方を兼ね備えた人材育成を目指すべきであろう．計量的なデータの扱いと調査票設計への熟練も必要である．基盤として，環境の価値や人びとの価値評価の概念についての素養も持つ必要がある．最近「環境」を冠した大学や大学院が増えてきているが，大学等の教育機関において，自然科学系と人文・社会学系のより一層の協働による学際的研究者，実務者の養成を図る必要があろう．

　環境の世紀といわれる21世紀における環境施策は，住民参加を実質的なものとしながら推進することが求められるのではないだろうか．人びとの環境意識を十分理解することは，そのために不可欠な要素である．本書で紹介した方法や考え方が，環境施策の実務者や環境活動団体など，人びとの環境意識を把握する必要に迫られているコミュニティー，さらには環境研究を志す学生・院生にとって有益なものとなればと願っている．

（吉岡崇仁）

引用文献

環境省・三菱総合研究所（2003）効果的なSEAと事例分析, Translation from "Effective SEA System and Case Studies", http://www.env.go.jp/policy/assess/2-4strategic/3sea-5/index.html.

用語集

D効率性基準

直交配列法によってプロファイルをデザインする際に生じる非効率性を排除するために，推定によって得られるFisher情報行列の逆行列が漸近的に推定値の共分散行列の逆行列となることを用いるというD効率性（D Efficiency）を基準として，Fisher情報行列の行列式を最小化するようにデザインを行う方法．推定パラメータの分散が最小化されるため，効率的に推定が行うことができる．（栗山・庄子 (2005)，環境と観光の経済評価—国立公園の維持と管理，勁草書房，参照）

GIS

Geographic Information System（地理情報システム）の略．位置や空間に関するさまざまな情報を，コンピュータを用いて重ね合わせ，情報の分析・解析を行ったり，情報を視覚的に表示させるシステムのこと．元々は専門的な分野での利用が一般的であったが，最近では，GISの対象は非常に広範囲にわたる．たとえば，不動産，都市インフラ（道路，上下水道，電気，ガスなど），建物・施設，人口，農産物，土地，災害，顧客，現在位置など，社会における情報はどんなものでもGISの対象となりえる．

IPCC

Intergovernmental Panel on Climate Change（気候変動に関する政府間パネル）の略．1988年にWMO（世界気象機関）とUNEP（国連環境計画）のもとに設立された政府間機関．学術的な機関であり，気候変化に関する最新の科学的知見（出版された文献）の評価を行い，対策技術や政策の実現性やその効果，それが無い場合の被害想定結果などに関する科学的知見の評価についてとりまとめた「評価報告書」（Assessment Report）を数年おきに作成し，各国政府の地球温暖化防止政策に科学的な基礎を与えることを目的としている．

KHコーダー

計量テキスト分析，テキストマイニングのためのフリーソフトウェア．新聞記事，インタビュー記録，自由記述形式の回答などの日本語のテキストを計量的に分析す

るために，樋口耕一（現在，立命館大学産業社会学部）によって作成され，2001年からインターネット上で公開され，以後改良が重ねられている（http://khc.sourceforge.net/index.html）．

4件法
回答のために4つの選択肢を提示する質問の方法．たとえば，質問の内容に対する良し悪しを尋ねる場合には，「良い」「どちらかといえば良い」「どちらかといえば悪い」「悪い」の4つから選択させるものをいう．これに，「どちらともいえない」を加えた5件法もよく用いられている．

アメダス（AMeDAS）
Automated Meteorological Data Acquisition System（地域気象観測システム）の略．雨，風，雪などの気象状況を時間的，地域的に細かく監視するために，降水量，風向・風速，気温，日照時間の観測を自動的に行う．2009年現在，降水量を観測する観測所は全国に約1,300か所あり，このうち，約850か所（約21km間隔）では降水量に加えて，風向・風速，気温，日照時間を観測している．また，雪の多い地方の約290か所では積雪の深さも観測している．気象庁ホームページにてデータが公開されており，誰でも利用できる．

受取り意志額
ある対策が実施されなかった時あるいは実施されなかった時に被る不利益を補償するために受け取りたいと考える金額．

温室効果ガス
地球から宇宙への赤外放射エネルギーを大気中で吸収して熱に変え，地球の気温を上昇（温室効果）させる効果を有する気体の総称．従来から問題にされてきた二酸化炭素（CO_2）のほかにも，メタン（CH_4），フロン，一酸化二窒素（亜酸化窒素，N_2O）なども温室効果を引き起こし，単位量当たりの効果が大きいため，排出量が少なくても地球環境への影響が無視できないことがわかってきた．これらの排出には人間の生活・生産活動が大きく関与している．

回答率
アンケート調査の各質問において回答がなされている割合のこと．質問が難しい場合や回答したくない質問（たとえば，年齢や年収など）の場合に，回答率が低くなる．

化学的酸素要求量（COD）
有機汚濁の指標のひとつ．過マンガン酸カリウムや重クロム酸カリウムなどの酸化剤を用いて試料を処理した際に消費される酸化剤の量を酸素の量で表したもの．

仮想評価法
　CVM（Contingent Valuation Method）法ともいう．ある事業を実施すべきか否かを人びとの選好をもとに判断するための評価法のひとつ．事業を実施した場合の変化を仮想状態として人びとに提示し，事業によって受けられる利益に対して支払ってもよいと思う金額（支払い意志額，WTP: Willingness to Pay）や事業によって被る不利益に対して受けとりたいと思う金額（受取り意志額，WTA: Willingness to Accept）を尋ねる調査．回答者のWTP, WTAを積算して事業の評価額とする．これによって，人びとの環境の価値評価が事業の経費や収益と比較できるようになる．ただし，環境そのものの価値評価ではなく，事業の価値評価であることに注意が必要である．

価値判断
　価値があるかどうか判断する行為のこと．価値評価とほぼ同じ意味の場合もある．

価値評価
　価値がどれくらいであるかを評価する行為，あるいは，その評価結果そのもののこと．前者の場合は，「価値判断」とほぼ同じ意味．

環境アセスメント
　環境影響評価法によって定められる環境影響評価のこと．→環境影響評価法

環境意識
　狭義には，「環境保全・環境保護」に対する意識のことであるが，本書では，「環境に対する認識」というより広い意味合いで使われている．

環境影響評価
　環境に及ぼす影響の度合いを定量的，定性的に推定すること．→環境影響評価法

環境影響評価法
　平成9年6月13日制定．この法律は，土地の形状の変更，工作物の新設等の事業を行う事業者がその事業の実施に当たりあらかじめ環境影響評価を行うことが環境の保全上極めて重要であることにかんがみ，環境影響評価について国等の責務を明らかにするとともに，規模が大きく環境影響の程度が著しいものとなるおそれがある事業について環境影響評価が適切かつ円滑に行われるための手続その他所要の事項を定め，その手続等によって行われた環境影響評価の結果をその事業に関わる環境の保全のための措置その他のその事業の内容に関する決定に反映させるための措置をとること等により，その事業に関わる環境の保全について適正な配慮がなされることを確保し，もって現在および将来の国民の健康で文化的な生活の確保に資することを目的とする．（第1条）

環境基本計画
環境基本計画は，環境基本法第15条に基づき，政府全体の環境の保全に関する総合的かつ長期的な施策の大綱を定めたもの．平成6年12月16日に第1次環境基本計画が閣議決定された．現在平成18年4月7日に決定された第3次計画が実施されている．

環境基本法
平成5年11月19日制定．この法律は，環境の保全について，基本理念を定め，並びに国，地方公共団体，事業者および国民の責務を明らかにするとともに，環境の保全に関する施策の基本となる事項を定めることにより，環境の保全に関する施策を総合的かつ計画的に推進し，もって現在および将来の国民の健康で文化的な生活の確保に寄与するとともに人類の福祉に貢献することを目的とする．（第1条）

環境経済学
従来の経済活動において，「環境」は原則として資源を採取しても廃棄物を捨ててもただであり，その意味で経済の枠の外に置かれていた．ところが，資源の枯渇や多量の廃棄物が経済，さらには人間生活に影響を及ぼすようになってきた．これが経済学的に見た環境の問題（外部不経済の問題）である．そこで，経済の外にあった環境を内部化するための概念，手法の開発をめざして確立された学問領域が環境経済学である．内部化に当たって最も重要なことが，経済学的に扱える金銭で環境を評価することであり，さまざまな評価手法が開発されている．

環境施策
国や地方自治体がその領域内にある環境に対して計画し，実施し，あるいは，実施した施策のこと．

環境社会学
環境と人間社会の相互関係を，社会的側面に注目して研究する分野．

環境心理学
人間の行動の背景に環境が関わっているととらえ，環境と人間の相互関係を，人間の心理に注目して研究する分野．

環境配慮行動
環境保全にとって役立つと思われる活動のこと．石けんの使用，不使用時に電気製品のコンセントを抜いて待機電力を使わないようにするなどの省エネルギーにつながる日常生活や，森林環境保全のための間伐や植林のボランティア活動などが含まれる．

間接利用価値
資源を取り出して使うなど直接利用するわけではないが，環境の場を利用して人間

が便益（利益）を得られる場合，その価値のことを間接利用価値と呼ぶ．→直接利用価値

禁止ペア
複数の環境属性にそれぞれ水準を与えた組み合わせで環境条件を表す時，現実には起こりえない組み合わせが生じることがある．この組み合わせを禁止ペアと呼んでいる．意識調査では使わない方がよいとされている．

クラスター分析
データを外的な基準を設けることなく，データに含まれる情報のみによって分類する手法．分類を階層的に行う階層型手法と，特定のクラスター数に分類する非階層的手法の2つに大別される．

クロロフィルa
光合成を行う植物に広く分布する光合成を行うために必要な色素のひとつ．水中の植物プランクトンの量を表す指標としても用いられる．

形態素
言語における意味を持つ最小の単位のこと．ある言語において，それ以上分解すると意味をなさなくなるまで分割されたもの．語彙として意味のあるもの（語根）と，語彙としての意味はないが文法的な意味を持つもの（機能的形態素または文法的形態素と呼ばれる）とがある．名詞や形容詞，動詞といった単語の品詞とは意味が異なる．

形態素解析
文章を形態素に分割してその種類を判別すること．自然言語処理の基礎技術のひとつ．

計量テキスト分析
アンケートの自由記述回答や聞き取り調査の結果，日記などの文章（テキスト）を分析する方法のひとつ．テキストの形の質的データを計量分析による量的データへの変換を通して，分類・整理して，テキストの内容を分析する．

顕示選好法
個人が実際に支出している金額から対象を評価する方法．表明選好法

現地調査
対象となる現象が発生している現地に赴き，さまざまな手法でその現象を観測する調査のこと．本書で取り上げたような事例では，自然科学分野では降水量や河川・湖沼の水質などの観測が，また社会科学分野では現地住民に対する聞き取り調査がこれに当たる．継続的に調査を行うことにより，いずれも，その現象の過去から現在に至る履歴を知ることができ，その法則性から他地点での現象の推測や，未来の

変動を予測する材料となる．

構造方程式モデリング
共分散構造分析ともいう．構成概念や観測変数の性質を調べるために集めた多くの観測変数を同時に分析するための統計的方法．変数間の因果モデルを仮説とし，その仮説の採否を観測値から検証する分析方法である．変数間の因果関係が矢印で示され（パス図という）直感的に分かりやすく表現される．

効用
個人がある財を消費（保有）することで得られる満足感のこと．財全体に対するものを全体効用と呼び，財を構成する個々の属性に対するものを部分効用と呼ぶ．その推定値を効用値と呼び，コンジョイント分析では，部分効用値と全体効用値の推定がなされる．

コーディング
言葉を分類するためにその意味を表す符号（コード，code）を付けること．→分類基準（コーディングルール）

コンジョイント分析
評価対象をいくつかの属性とその水準で表現し，水準を異にするプロファイルを複数提示して評価させ，その結果から，属性と水準に対する選好（効用）を推定する方法．計量心理学の分野で考案され，マーケティングリサーチや交通工学の分野で発展した手法．

シアノバクテリア
酸素を発生する光合成を行う原核生物のことで，ラン藻ともいう．光合成によって発生した酸素を細胞内にため込み，水面に浮上する種類も多い．

自然言語処理
人間が使っている自然言語をコンピュータに処理させること．形態素解析や文章の文法的な関係を解析する構文解析等が含まれる．

事前調査（プリテスト）
アンケート調査では，質問の内容が回答者によく理解できるものであるかどうか，回答の選択肢が妥当であるかなどを事前に調査して，調査票を設計することが推奨されている．この事前調査のことをプリテストと呼んでいる．環境経済学的調査では，各種のバイアスを低減させるためにとくに重視されている．

質的データ
数値で表される量的データ（数値データ）に対し，文字テキストや映像などは質的データと呼ばれる．量的データに比べて一般的に情報量が多いが，分析方法も多様である．

シナリオ
本書では，環境が変化した時の仮想的状態を表したものをさす．

シナリオアンケート
環境が変化した時の仮想的状態（シナリオ）を提示して，これに対する人びとの選好を尋ねることで，人びとがどのような環境変化に注目しているのかを明らかとするアンケート調査．総合地球環境学研究所の「環境意識プロジェクト」が取り組んだ社会調査の名称．

支払い意志額
環境保全対策などに対して，対策によって得られる利益に対して支払ってもよいと思う金額のこと．表明選考法による環境経済学的調査で質問される項目である．

社会的影響評価
開発などによって環境が変化したときに地域住民や一般市民が受ける影響を社会科学的な観点から評価するもの．たとえば，経済学的な観点から環境悪化が社会にもたらす損失を評価したり，あるいは社会学的な観点から開発が地域社会構造に及ぼす影響を評価すること．

社会的便益
ある事業が関係する社会に対してもたらす利益のこと．事業によって直接得られる経済的利益のほか，事業を評価する人びとの支払い意志額なども便益として考慮される．

自由記述形式・自由回答形式
調査者側であらかじめ設定した回答の選択肢の中から選ばせるのではなく，回答者に自由に回答を書いてもらう質問形式．

集水域
地形のうえで，ある地点に水が集まってくる地域全体のこと．等高線地図において，稜線をつなぎ，一番標高の低いところで線が閉じると，その地点における集水域がその稜線を結んだ線に囲まれた地域に相当する．

住民基本台帳，選挙人名簿
市町村長が，個人を単位として作成された住民全体の住民票を世帯ごとに編成し作成した公簿．住民の住所を公に証明することを目的とした制度である．現在では，地方自治体等が公の職務において利用するほかは，公益性のある統計調査・世論調査・研究などに対してのみ閲覧が許可されている．

住民参加
行政の運営において，住民の意見が反映されること．住民投票や公聴会などの制度がこれを保障するものである．環境アセスメントにおいて規定されている「国民参

加」もその制度のひとつである．

新エコロジカルパラダイム

1970年代，人間中心主義にかわる生態系中心主義の新たな社会学のパラダイムとして，ダンラップとキャットンが提唱した．従来の人間特例主義パラダイムを批判し，(1)人間は特別な存在ではなく，生態系に相互依存的に関わる多くの種のひとつにすぎないこと，(2)人間の目的をもった行為は，自然界の複雑な因果の連鎖に埋め込まれているために，多くの意図しない結果を生み出すこと，(3)世界は有限であり，経済の成長や社会の進化には，物理的かつ生物学的な限界があること，を前提とする．実証的な研究に関しては，新エコロジカルパラダイムに基づいて，個人や集団の環境意識を測定するための尺度が開発されている．

水準

属性がとりうるレベル（値）のこと．数値で定量的に表されることも，定性的に表現されることもある．

数値シミュレーション

コンピュータ上で，模倣したい現象の本質的な部分を取り出した模型（モデル）を再現したもの．現象を表現する方程式の集まりともいえる．この方程式の係数に当たるものを「パラメータ」と呼ぶ．物理学や経済学など人の手では計算困難な複雑な事象をコンピュータを用いて模擬的に計算する．予算や環境等の制約で実験できない課題の解を求め，未来の予測に役立たせることができる．

ステークホルダー

当事者，関係者．

スーパーコンピュータ

大規模な科学技術計算に用いられる超高性能コンピュータ．膨大な計算処理が目的であり，それを実現するための大規模なハードウェアやソフトウェアを備える．その時点での最先端の技術を結集して開発され，価格も性能も他のコンピュータとは比べ物にならないほど高い．気象予測だけでなく，原子力，自動車，船舶，航空機，高層ビルなどの分野で設計やシミュレーションに使われ，また遺伝子解析や金融工学などの分野での導入も活発になっている．

生態系機能

生態系に含まれる生物や無生物が果たしている機能のこと．森林生態系を例にとれば，森林に生育する植物は，二酸化炭素の吸収や蒸発散などによって，大気の浄化や気温を低下させるなどの機能を果たしていると考えられている．⟺生態系サービス

生態系サービス
生態系には，供給サービス，調整サービス，文化的サービス，基盤サービスの4種類のサービスがあるとされている．「サービス」というと人間に対して生態系が奉仕しているようなニュアンスがあるが，基盤サービスなどでは必ずしも人間のために役立つという意味合いはない．⇔⇒生態系機能

選好
えりごのみ．自分の好みにあったものだけを選び取ること．

選好依存型評価法
回答者の選好に従って評価を推定する方法．個人の選好を抽出する方法によって，顕示選好法と表明選好法の2つに分けられる．

選好独立型評価法
回答者の選好とは無関係に，費用など積算できる場合に，その費用を対象の評価と見なす方法．

選択型実験
属性の水準が異なるいくつかのプロファイルを提示し，その中から最もよいと思うプロファイルを選択してもらうことで，属性の部分効用値を推定する方法．

戦略的環境影響評価
具体的な事業案が決まったあとで実施される環境アセスメント（事業アセスメント）では，代替案の幅が十分取れず，事業を実施しないといった代替案などを評価することが困難である．このような事業アセスメントの欠点を補うため，環境に対する政策や計画を策定する初期段階から，環境影響評価や住民参加を取り込み，より環境保全に配慮した事業案を絞り込む方法として考え出されたもの．

総合地球環境学研究所
地球環境問題の解決に資する学問領域（地球環境学）を構築することを目指して2001年に文部科学省により設立された全国大学共同利用研究所．2004年には，国立大学の法人化に伴って設立された大学共同利用機関法人の人間文化研究機構に所属する研究所となった．

層化2段無作為抽出法
母集団が国民全体などのように大規模な場合，まず，母集団を特定の性質でいくつかの層と呼ばれる部分に分割（層化）する．たとえば，政令指定都市，人口が20万人以上の市，5万人から20万人の市町村，5万人未満の市町村など．標本を抽出する単位（たとえば，国勢調査の調査区や投票区など）を各層の大きさに比例した数だけ選ぶ．その単位から，あらかじめ決められた数の標本を無作為に抽出する．

存在価値
　人間が利用するか否かとは関係なく，存在すること自体にある価値．

ダブルバウンド方式
　最初に提示された金額に対して支払ってもよいと回答した者には，より高いある金額を示して支払い意志を尋ね，支払いたくないと回答した者には，より低い金額を示して支払い意志を尋ねる．このことにより，回答者の支払い意志額をより狭い範囲で推定することができ，1度だけ回答してもらうシングルバウンド方式よりも統計的な精度の高い推定値が得られる．

多面的機能
　森林には，木材を生産するという機能のほかに，水質の浄化や二酸化炭素の吸収，人間の健康・保健に役立つなどさまざまな機能があると認識されるようになってきた．これらを森林の持つ多面的機能と呼んでいる．

探索的因子分析
　因子分析とは，変数間の相関関係を分析することにより，多くの変数を少ない因子に集めていく多変量解析の1手法であるが，因子間の因果関係を論じることはできない．探索的因子分析は，狭義の因子分析であり，因子間のモデルを前提として仮定せずに，データの特徴とデータ間の関係を分析する．表1-1で示した例では，21個の変数を6つの因子で説明している．

地球サミット
　1992年ブラジルのリオデジャネイロで開かれた第1回国連環境開発会議のこと．

窒素
　生物の必須元素のひとつ．生物には栄養塩として利用されると同時に，水域に過剰に供給されると富栄養化を引き起こす原因となる．大気中の窒素ガスが一部の植物により生態系に取り込まれ，また肥料などによって人為的にも供給される．その後は有機態あるいは無機態，また粒子状・溶存態・ガス態などさまざまな形態に変化しつつ循環している．この形態変化は陸上の動植物や水中のプランクトン，微生物による分解などの作用によって酸化あるいは還元されることで起こる．たとえば無機態窒素には硝酸態窒素（NO_3^--N）や亜硝酸態窒素（NO_2^--N），アンモニア態窒素（NH_4^+-N）などの，またガス態には窒素ガス（N_2），一酸化窒素（NO），一酸化二窒素（亜酸化窒素，N_2O）などの形態がある．なお本書の事例で扱ったシミュレーションモデルでは森林から湖沼への硝酸態窒素，アンモニア態窒素，溶存態有機窒素（DON: Dissolved Organic Nitrogen），粒子状有機窒素（PON: Particulate Organic Nitrogen）の負荷量を計算した．

直接利用価値
環境から資源などを取り出して利用したり，環境そのものを改変する（たとえば，湿地を埋め立てて廃棄物処分場とするなど）ような利用の仕方は，環境の直接利用価値を使ったものである．

直交配列法
複数の属性から構成されるプロファイルは，属性と水準の組み合わせによって多くのプロファイルができるが，すべてを回答者に評価させるのは非現実的である．少数のプロファイルを使用する場合，選び方に偏りがあると有意な結果が得られない危険性がある．それを避けるためのプロファイル絞り込みの手法として，よく用いられているのが直交配列法である．

直交表
直交配列法，表5-5参照．

データベース
大量のデータを，検索などの情報処理が効率よく行えるように一定のルールのもとに集積し，何らかの構造を与えて管理できる状態にしたもののこと．複数に点在するデータ保管場所を1箇所に集約し，そこに行けば全てのデータを得ることができるように効率化を図る目的で誕生した．たとえば，「アメダス」の項で説明した気象庁が公開している気象データもデータベースのひとつである．

同義語・類義語
同義語：文字や読み方は違うが中心的な意味が同じである語．類義語：意味がよく似ている語．「道」と「道路」は同義語，「時間」と「時刻」は類義語．

トライアルアンドエラー
数値シミュレーションモデル実行において，最適なパラメータを探索する手法のひとつ．試行錯誤．通常複数あるパラメータのうちひとつまたは少数を少しずつ調整し，モデル計算を実行する．その結果から，さらに調整するべきパラメータを検討し，再度計算する．この繰り返しにより，最適な計算結果を得るパラメータを決定する手法．

トレードオフ
相殺の関係．同時には達成できない関係．一方を採用すると，もう一方は必然的に採用されなくなる関係．

バイアス
支払い意志額を推定するうえで，質問の形式や提示される金額などによって回答にゆがみが生じることがある．このゆがみのことをバイアスと呼んでいる．最初に提示する金額が最終的な支払い意志額を左右する開始点バイアス，質問者が喜びそう

な回答をするという質問者バイアスなど，多くのバイアスのあることが知られている．

表明選好法
　個人がその選好に基づいて提示する評価額から対象を評価する方法．顕示選好法

富栄養化
　元来は湖沼・河川などの水域が，長年にわたり流域から窒素化合物およびリン酸塩等の栄養塩類を供給されて，生産性の低い貧栄養状態から生物生産の高い富栄養状態に移り変わっていく自然現象をいう（自然富栄養化）．近年では，人間活動の影響（下水・農畜産業・工業廃水など）による水中の栄養塩類（窒素化合物やリンなど）の濃度上昇を意味する場合が多い．富栄養化すると生態系における生物の構成が変化する．その結果，藻類等が大量に繁茂する，水中の酸素消費量が高くなり貧酸素化する，藻類が生産する有害物質により水生生物が死滅する，水質が累進的に悪化する，透明度が低下する，水が悪臭を放つようになる，緑色・褐色・赤褐色等に変色するなどの悪影響が生じる．これらは赤潮やアオコの発生などの現象を通して，公害や環境問題として広く認識されている．

物質循環（生態系の物質循環）
　生態系内において，物質が生物界と無生物界の間を循環すること．炭素や窒素など，特定の元素に着目して，炭素循環・窒素循環などと呼ぶことも多い．大気や水の流れを通じて生態系内へ流入した物質は，植物や動物，微生物などの働きにより，光合成，窒素固定，食物連鎖，分解などの作用を経て形態を変え，生態系内を循環する．またこの循環から外れた物質は森林から河川，湖沼と他の生態系へ流出・輸送され，他の生態系に取り込まれ，そこで循環する．物質循環はかならずエネルギーの流れをともない，最大のエネルギー源は太陽である．

浮遊物質（SS：Suspended Solids）
　水質指標のひとつ．懸濁物質（Suspended Substance）とも呼ばれる．水中に浮遊または懸濁している直径2mm以下の粒子状物質のことで，沈降性の少ない粘土鉱物による微粒子，動植物プランクトンやその死骸・分解物・付着する微生物，下水，工場排水などに由来する有機物や金属の沈殿物が含まれる．浮遊物質によって濁り度合いが高い水を「濁水」という．濁水が発生すると外観が悪くなるほか，魚類のエラがつまって死んだり，光の透過が妨げられて水中の植物の光合成に影響し発育を阻害することがある．

プロファイル
　属性とその水準の組み合わせで表現される選択肢のことをプロファイルと呼ぶ．商品のカタログで，さまざまな機能や規格が一覧になって並んでいるが，各商品の情

報の一覧が一つのプロファイルに相当する．消費者は，この一覧を見て，自分の気に入った（選好に叶う）機能や規格を持つ機種を選択することができる．本書でいう「シナリオ」は，「プロファイル」と同じものと考えてよい．

プロファイルデザイン

設定された属性と水準の数によって，プロファイルの全数は決まってくる．たとえば，4つの属性でそれぞれに2つの水準がある場合は，$2^4=16$通りのプロファイルがありうる．人びとの選好を尋ねる場合，これら全てを提示するのは，回答者に大きな負担となるうえに，回答中に混乱や疲労が生じるため選好を適正に把握できない危険性がある．そのため，より少数のプロファイルでも選好が推定できるようにプロファイルの選択や比較の組み合わせを考える必要がある．この作業のことを，プロファイルデザインと呼んでいる．

分類基準（コーディングルール）

言葉にその意味を表す符号（コード，code）を付けることによって，同じ意味やよく似た意味を持つ言葉を整理することができる．この符号を付ける時の基準のこと．第3章の51ページにあげた例では，梅干し，椎茸，ちりめんじゃこを『「特産品」かつ「農産物」（農産物の特産品）』というひとつの分類にまとめることができる．このときの「特産品」や「農産物」がコードに当たる．また，「農産物の特産品」もこれら2つを複合したできたコードと見なすこともできる．→コーディング

水循環

地球上に存在する水は，固相・液相・気相間で相互に状態を変化させながら循環している．日本のように温暖な地域では，一般に降水（雨・雪・霧）が地表に達すると，浸透し土壌水となる．このうち一部は地表面から蒸発し，一部は植物に吸収され葉から大気に放出される．植物のこの作用を蒸散という．また一部は地下水となる．土壌水や地下水はやがて河川水として流出し，海に達する．海の水は蒸発して大気中に戻り，やがてまた降水となる．寒冷な地域では一部が氷河としてとどまるが，長い時間を経て氷河もやがて溶けて海に達する．これらの循環は太陽エネルギーによって駆動されている．

有効回答

コンジョイント分析による選択実験では，複数提示された質問のすべてに回答した回答者の選択結果のみを使用する．これを有効回答と呼んでいる．

予防原則

環境保全や化学物質・遺伝子組み換え技術の安全性などに関する政策を決定するにあたり，具体的な被害が発生しておらず，また，被害の有無について科学的に不確実であっても，予防的な措置をとり，影響や被害の発生を未然に防ごうという原則．

予防的措置（Precautionary Approach）ともいう．生態系は一度破壊されてしまうと，回復にきわめて長い時間が必要であり，場合によっては回復が不可能となるからである．1992年の地球サミットで採択された「環境と開発に関するリオ宣言」の第15原則では，環境を保護するために，各国がその能力に応じて予防的方策を適用することが求められている．そして，被害が深刻化あるいは不可逆になるおそれがある場合には，その因果関係に科学的な確実性が欠けていることを理由として，環境悪化を防止する対策を延期してはならないとされる．

ランダム効用理論

個人の行動の理論的モデルのひとつ．個人がある財を消費（保有）することで得られる満足感（効用）を，その財の性質や機能，個人の所得，その他の経済的特性で構成される関数と確率的な誤差項の和として表すもの．ある環境施策に対する支払い意志額が提示された時，これに賛成するか否かは，支払った時に得られる効用と支払わなかった時の効用とを比較して，前者が高ければ賛成し，低ければ反対するというように，個人は，効用最大化を基準として行動するものと仮定されている．

流路密度

河川流域の単位面積当たりの河川流路の長さ．水系の全面積でその河川の全流路長を割ったもの．

リン

窒素と同様に生物の必須元素のひとつであり，栄養塩として利用されると同時に，水域に過剰に供給されると富栄養化を引き起こす原因となる．岩石の風化により生態系に供給されるとともに，肥料などによって人為的にも供給される．生態系内では有機態あるいは無機態，また粒子状あるいは溶存態の形態をとる．本書の事例で扱ったシミュレーションモデルでは森林から湖沼へのリン酸態リン（PO_4^{3-}-P），溶存態有機リン（DOP），粒子状有機リン（POP）の負荷量を計算した．

索　引

アルファベット

CVM　23
GIS（Geographic Information System; 地理情報システム）　76,77,79,80,86,177
HYCYMODEL　78,83,87
IPCC　65,177
KHコーダー　54,55,177
PnET-CNモデル　74-78,80,81,83,87
PPPs　175,176　→　政策・計画・プログラム
WTA　23　→　支払い意志額
WTP　23　→　受け取り意志額

ア　行

アウトプット　67,68,76,87
アオコ　97,101
アメダス　69,80,178
意識調査　34,42
一級水系　107,126
インターネットを利用した調査方法　43
インパクト　63-65,67-69,71,72,74,75,80,81,85,107,110-112,114,117-119
インプット　67-69,76,78,80,87
インプットデータ　67
ヴィジョン要素　143,149,150,157,159
受け取り意志額　23,178
温室効果ガス　65,178
温暖化　65,68

カ　行

回収率　11,22,44,119
回答率　178
皆伐　72,76,80,83,127-129

化学的酸素要求量　178
確率比例抽出法　39
仮想的インパクト　105,111
仮想評価法　23,92-94,97-99,103,179
仮想ランキング　95
価値　i,8-11,91
価値観　i,4-6,18,22
価値観―信念―規範理論　6
価値判断　3,6,8,10,13,14,28,116,117,179
価値評価　3,7,8,10,22,23,107,176,179
過程の基準　135
環境アセスメント　ii,iii,3,11,13,14,16-18,94,103,105,116,117,134,173,176,179
環境意識　i,iii,3-11,22,25,28-30,49,62,91,92,100,103,124,133,135-136,173,176,179
環境意識調査　i-iv,3,18,19,26-28,33,49,104,122,175,176
環境意識プロジェクト　i-iii,10,11,27-29,53,72,91,99,104,105,112,173
環境影響　18,123,127,142,152,155-157,159,160,174
環境影響評価　15,26,116,179
環境影響評価法　13-15,33,134,179
環境基本計画　13,180
環境基本法　13,180
環境経済学　22,91,92,103,180
環境施策　ii,iii,4,7,24,26,27,30,106,122,173,175,176,180
環境社会学　22,180
環境情報　5
環境心理学的　24,180
環境政策　13
環境属性　68,93,94,96,99,103,104,106,

110,113,118,120,121
環境デザイン　133,134,155
環境の価値　10,24,176
環境の属性　9,23,49,52,57-60,95,105
環境配慮行動　iii,3,4,6,10,22,180
環境評価　i,23,24
環境変化　i-iii,5,7,24,25,29,91,92,98,104,
　106-108,114,116,121-124,173-176
　──のシナリオ　133
環境変動予測モデル　ii,104-106,108,111,
　112,114,116,118,119,175
環境保全　7,10,13,92,94,103,130
環境問題　iii,17,19,106,111
関心事　26
関心事調査　10,11,29,35,41,44,53
間接利用価値　9,11,60,61,180
完全プロファイル評定型　95,99,128
規範喚起理論　6
基盤サービス　9
供給サービス　9
キーワード　29,52-61,108,109,116,121
禁止ペア　97,101,114,119-123,125,181
クラスター分析　100,107,126,181
クロロフィル　24,81,84,97,181
計画的行動理論　6
形態素　52,54,55,181
形態素解析　26,52,181
系統抽出法　38,41
計量テキスト分析　52,181
顕示選好法　23,181
現地調査　64,65,67,71,181
降雨流出モデル　74,76,77
公害　19
構造方程式モデリング　129,182
公的受容の基準　135
行動モデル　6
効用値　123,182
5件法　121,178
湖沼モデル　74,76,77,80,87
コーディング　51,182
コーディングルール　51,52,189

コンジョイント分析　iv,23,88,91-95,99-
　101,103,104,108,113,114,116,117,119,
　121-125,128,182

サ　行

サンプリング台帳　38,39
次世代アンケート　36,41,44,104,105,125
自然科学的環境評価　13,18,19,23,24,105,
　173
自然言語処理　52,175,182
事前調査（プリテスト）　108,123,182
持続的社会　i,11
質的データ　52,182
シナリオ　i-iv,18,23-29,49,52,53,91-94,
　97-99,101,102,104-106,108,111-114,
　116,119,120,122-124,126-128,136,140,
　141,173-176,183
シナリオアンケート　iii,iv,27-29,36,41,
　44,49,60,88,99,104-108,110,111,113,
　117-119,121,123,124,173-175,183
シナリオ群　63,64,68,69,71,72,87,88
シナリオワークショップ　27,29,136,137,
　139,173-175
支払い意志額　23,92-94,97-104,183
支払いカード形式　93
シミュレーション　175
シミュレーションモデル　iv,29,64,66-74,
　85,87,108,176
社会的影響評価　ii,13,18,19,105,122,173,
　183
社会的便益　98,100,183
社会配慮　11
自由回答形式　50,93,183
自由記述形式　iv,26,29,49-52,60-62,108,
　175,183
集水域　28,29,36,53,105,106,119,174,
　183
集中型モデル　77,78
住民会議　27,29,133,136-139,143-145,
　151-156,160,161,174,175
住民基本台帳　10,38,107,126,183

住民参加　iv,14-18,22,105,106,125,133-135,173-176,183
主調査　107,116,117,119,120,123
朱鞠内湖　29,30,53,61,72,76,80,81,84,105-107,110,114,138,139
硝酸態窒素　24
将来像　143,145,150,151-154,157,159,160
新エコロジカルパラダイム　22,184
シングルバウンド方式　93
森林　9,74
森林生態系物質循環モデル　72,74
森林伐採　29,110,111,114,124,126,129,130,174
森林浴　9,60,109,110,111,112,114,117,120-122,124,125
水質　24,59,61,97,101,106,109,112-115,117,120-122,124,125,174
水準　94-96,98,99,101,103,104,108,111-113,118,119,122-127,184
数値シミュレーションモデル　65-67,184
スコーピング　116,117,176
ステークホルダー　26,103,174,175,184
スーパーコンピュータ　68,184
政策・計画・プログラム（PPPs）　106,174
生態系機能　9-11,60,184
生態系サービス　8,9,91,185
生態系の物質循環　74,75,77,80,81,84,188
絶滅危惧種　16,17,101
世論調査　19
選挙人名簿　10,38,107,126
選好　22,23,28,185
選好依存型評価法　22,23,185
選好独立型評価法　22,23,185
全体効用値　95
選択型実験　95,101-103,108,113,114,119,122,174,175,185
専門家　133,136,141-143,145,150,151,153,155-161
戦略的環境アセスメント　106,173-175

戦略的環境影響評価　15,185
層化2段無作為抽出　10,22,41,53,185
層化抽出法　39,41
総合地球環境学研究所　i,10,28,104
属性　24,29,49,91,94-96,99,101,103,108,111,112,116,117,119,121-127,129
存在価値　91,186

タ 行

対象環境　26,33,35-37
対照調査　107,116,117,119,120
代替案　15-17,124,125,175
濁水　114,120,121
択伐　72,127,129,130
多段抽出法　39
ダブルバウンド方式　93,97,186
多面的機能　9,186
探索的因子分析　12,186
単純無作為抽出法　38-41
地球温暖化　65,68
地球環境問題　i,ii,22
地球研　173　→総合地球環境学研究所
地球サミット　iii,13,186
窒素　70,71,74-77,81,84,88,97,186
調査環境　107
調査票　27
調査標本数　123
調査対象者　26,33-37,40,107,126
調査方法　33,42,44
調整サービス　9
直接利用　61
直接利用価値　9-11,61,187
直交配列法　96,99,102,128,187
直交表　96,114,187
付け値ゲーム形式　93
D効率性基準　97,114,116,177
テキストマイニング　51-54,61
データベース　66,187
典型法　37
電話帳　38
電話調査法　43

等確率抽出法　39
同義語　54,187
トライアルアンドエラー　79,187
トレードオフ　104,123

ナ　行

二項選択形式　93
濁り水　111,112,115,117,120-122,125
抜き伐り　127-130

ハ　行

バイアス　93,187
伐採　13,16,17,28,29,104,114,120,121,125-128,130,173
パラメータ　67,69,72,76,78-81
バリデーション　69
被支配プロファイル　123,124
標本　37
標本サイズ　40,44
標本抽出方法　37,40
表明選好法　ii,23,91,92,94,97,103,188
非利用価値　9,91
富栄養化　74,188
物質循環　73-75,77,80,81,188
物質循環シミュレーションモデル　27
部分効用値　95,100,104,120-125,128-130
浮遊物質　86,188
プリテスト　108,123　→　事前調査
プロファイル　94-97,113,114,116,117,123,188
プロファイルデザイン　114,122,123,125,189
文化的サービス　9
分布型モデル　77
分類基準　189
ペアワイズ評定型　95
ヘドニック価格法　23
訪問調査法　42-44

母集団　37

マ　行

水　73
水循環　66,77,189
水の濁り　109,110
見出し語句　54,55
未来可能性　i,8,11
無作為抽出法　37,38
モデルの感度分析　69
モデルのバリデーション　69

ヤ　行

有意抽出法　37,38
有効回答　123,189
有効回答率　119
郵送調査法　43,44
誘導　51
雪だるま法　37
予測精度　67
予防原則　iii,189
4件法　50,178

ラ　行

来場者調査法　43,44
ランダム効用理論　93,190
流域環境　10
留置調査法　42-44
流路密度　107,126,190
旅行費用法　23
リン　74,77,81,84,97,190
類義語　54,187
レクリエーション　57,58,60,61,109,111,113,115,120-122,124
　——の場　110

ワ　行

割当法　37

著者紹介 (50音順)

大川　智船（おおかわ　ちふね）　　　　　　　　　　　　　　　　　　　　第6章
1983年，奈良県に生まれる．三重大学大学院人文社会科学研究科修士課程修了（修士（人文科学））．専門は社会心理学．主著,「流域環境の多様な属性に対する住民の選好評価のためのシナリオアンケート手法の開発：北海道朱鞠内湖集水域をフィールドに」（実験社会心理学研究，共著，印刷中）．

勝山　正則（かつやま　まさのり）　　　　　　　　　　　　　　　　　　　　第4章
1975年，京都府に生まれる．京都大学大学院農学研究科博士後期課程修了，博士（農学）．現在，京都大学農学研究科研究員．専門は森林水文学．主著, "Elucidation of the relationship between geographic and time sources of streamwater using a tracer approach in a headwater catchment"（*Water Resources Research*, 共著, 2009）, "Applications of a hydro-biogeochemical model and long-term simulations of the effects of logging in forested watersheds"（*Sustainability Science*, 共著, 2009）．

栗山　浩一（くりやま　こういち）　　　　　　　　　　　　　　　　　　第1, 5章
1967年大阪府に生まれる．1994年京都大学農学研究科修士課程修了。博士（農学）．現在，京都大学農学研究科生物資源経済学専攻教授．専門は環境経済学．主著,『エコシステムサービスの環境価値』（晃洋書房，2009年）,『環境経済学をつかむ』（有斐閣，共著，2008年）,『最新環境経済学の基本と仕組みがよーくわかる本』（秀和システム，単著，2008年）,『環境と観光の経済評価』（勁草書房，共著，2005年）．

舘野　隆之輔（たての　りゅうのすけ）　　　　　　　　　　　　　　　　　　第4章
1973年，兵庫県に生まれる．京都大学大学院農学研究科博士後期課程修了（博士（農学）），現在，鹿児島大学農学部准教授．専門は森林生態学．主著, "Above-and belowground biomass and net primary production in a cool-temperate deciduous forest in relation to topographical changes in soil nitrogen"（*Forest Ecology and Management*, 共著, 2004）, "Biomass allocation and nitrogen limitation in a *Cryptomeria japonica* plantation chronosequence"（*Journal of Forest Research*, 共著, 2009）．

鄭　躍軍（てい　やくぐん）　　　　　　　　　　　　　　　　　　　　　　　第1章
1962年，中国内蒙古に生まれる．東京大学大学院農学生命科学研究科博士課程修了（農学博士）．現在，同志社大学文化情報学部教授．専門は環境統計学・計量社会学．主著,「データサイエンス入門」（勉誠出版，共著，2007）,「統計的統計調査法―心を測る理論と方法―」（勉誠出版，単著，2008）．

著者紹介

永田　素彦（ながた　もとひこ）　　　　　　　　　　　　　　　　　　　　第6章
1969年，宮城県に生まれる．京都大学大学院人間・環境学研究科修了（博士（人間・環境学））．現在，京都大学大学院人間・環境学研究科准教授，および，同エネルギー科学研究科准教授．主著，*Genomics and society: Ethical, legal and social dimensions*. （分担執筆，G. Gaskell and M. Bauer (eds.), Earthscan Publications, 2006). "An essentialist theory of "Hybrids" : From animal kinds to ethnic categories and race" (*Asian Journal of Social Psychology*, 共著，forthcoming).「分譲マンション復興をめぐる住民間コンフリクトの動態」（実験社会心理学研究，2000).

前川　英城（まえかわ　ひでき）　　　　　　　　　　　　　　　　　　　　第2，5章
1973年，広島県に生まれる．京都大学大学院農学研究科博士後期課程単位取得退学，修士（人間科学）．現在，大谷大学文学部人文情報学科非常勤講師．専門は農村計画学．主著，『しらべる　まとめる　指導に生かす　パソコン＆データ活用法』（東山書房，共著，2007年).

松川　太一（まつかわ　たいち）　　　　　　　　　　　　　　　　　　　　第1，3，5章
1974年，大阪府に生まれる．大阪大学大学院人間科学研究科博士後期課程単位取得退学，修士（人間科学）．現在，総合地球環境学研究所　外来研究員．専門は環境社会学．主著，「森林-農地-水系に関する関心事調査」（『社会と調査』第3号，共著，2009年).

吉岡　崇仁（よしおか　たかひと）　　　　　　　　　　　　　　　　　　　第1，2，3，5，7章
1955年，大阪府に生まれる．名古屋大学大学院理学系研究科博士後期課程単位取得退学，理学博士．現在，京都大学フィールド科学教育研究センター教授．専門は生物地球化学．主著，『水と生命の生態学』（講談社ブルーバックス，共著，2000年)，『地球環境と生態系―陸域生態系の科学』（共立出版，共著，2006年)，『生物地球化学』（培風館，共編著，2006年)，『森里海連関学』（京都大学学術出版会，共著，2007年)，『中国の水環境問題　開発のもたらす水不足』（勉誠出版，共著，2009年).

環境意識調査法　環境シナリオと人びとの選好

2009年11月25日　第1版第1刷発行

監　修　総合地球環境学研究所
　　　　環境意識プロジェクト

編　者　吉岡崇仁

発行者　井村寿人

発行所　株式会社　勁草書房

112-0005　東京都文京区水道2-1-1　振替　00150-2-175253
　　　　（編集）電話　03-3815-5277／FAX　03-3814-6968
　　　　（営業）電話　03-3814-6861／FAX　03-3814-6854
　　　　　　　　　　　　　　　港北出版印刷・中永製本

© YOSHIOKA Takahito　2009

ISBN978-4-326-50326-1　Printed in Japan

JCOPY　＜(社)出版者著作権管理機構　委託出版物＞
本書の無断複写は著作権法上での例外を除き禁じられています。
複写される場合は、そのつど事前に、(社)出版者著作権管理機構
（電話　03-3513-6969、FAX　03-3513-6979、e-mail: info@jcopy.or.jp)
の許諾を得てください。

＊落丁本・乱丁本はお取替いたします。
　　　　http://www.keisoshobo.co.jp

栗山浩一・庄子康 編著
環境と観光の経済評価
国立公園の維持と管理
A5判 3,675円
50270-7

鷲田豊明
環境政策と一般均衡
A5判 3,780円
50257-6

鷲田豊明
環境評価入門
A5判 2,940円
50162-6

大野栄治 編著
環境経済評価の実務
A5判 2,520円
50193-6

竹内憲司
環境評価の政策利用
CVMとトラベルコスト法の有効性
A5判 3,150円
50160-X

リチャード・B・ノーガード／竹内憲司 訳
裏切られた発展
進歩の終わりと未来への共進化ビジョン
A5判 3,675円
60162-0

ポール・フリーマン, ハワード・クンルーサー／齋藤誠・堀之内美樹訳
環境リスク管理
市場性と保険可能性
A5判 2,520円
50213-4

N. ハンレー, J. ショグレン, B. ホワイト／(財)政策科学研究所環境経済学研究会訳
環境経済学
理論と実践
A5判 5,775円
50269-X

R. ゼックハウザー, E. ストーキー／佐藤隆三・加藤寛監訳
政策分析入門 [新装版]
A5判 4,830円
50148-0

――――――――――――――― 勁草書房

＊表示価格は2009年11月現在, 消費税は含まれております。